LA FEMME

PARIS. — TYPOGRAPHIE TOLMER ET ISIDOR JOSEPH,
rue du Four-Saint-Germain, 43.

LA FEMME

D'APRÈS

LA PHYSIOLOGIE, LA PATHOLOGIE ET LA MORALE

ENFANCE, PUBERTÉ, MENSTRUATION ET OVULATION,
TROUBLES DE LA MENSTRUATION, LOIS DE L'HÉRÉDITÉ, ATAVISME,
CONSANGUINITÉ,
QUALITÉS NÉCESSAIRES A LA JEUNE FILLE POUR SE MARIER,
CHOIX DE L'ÉPOUX, MARIAGE, STÉRILITÉ, STRUCTURE DU BASSIN,
L'OVULE FÉCONDÉ, PREMIERS SIGNES DE LA GROSSESSE.

PAR

Mᵐᵉ Adélaïde ROSSETTI, née AUDIFFREDI

ÉTUDIANT EN MÉDECINE

EX-AIDE MAJOR AU 19ᵉ CORPS D'ARMÉE EN 1870-71

PARIS

TYPOGRAPHIE TOLMER ET ISIDOR JOSEPH

43, RUE DU FOUR-SAINT-GERMAIN, 43

1877

A LA MÉMOIRE DE MON PÈRE

Je suis loin de tes restes à moi si chers! Mes enfants iront un jour, je l'espère, t'apporter là-bas, sous le ciel bleu d'Italie, des fleurs et verser des larmes sur ta tombe. Ils énuméreront ensemble les rares qualités de leur grand-père, que sa fille leur répétait tous les jours.

Puisse ton exemple et mes efforts leur inspirer le goût du travail et de la science, qui leur inculquera tes talents et ta juste morale, afin que je puisse un jour te voir revivre en eux! Qu'ils deviennent le légitime orgueil de ma vieillesse, comme la mémoire de tes qualités fut le soutien de ma jeunesse et mon seul orgueil.

A LA MÉMOIRE DE MA MÈRE

A MADAME FÉLICIE CAYOL

A vous qui avez compris qu'il me fallait l'amitié d'une mère pour verser dans son sein, mes peines et mes inquiétudes; à vous qui m'avez fait admirer, par vos bontés envers moi, les qualités du cœur de la femme,

Je dédie mon ouvrage; car j'y ai résumé votre cœur et vos sentiments.

INTRODUCTION

Éloignée de la vie publique, confinée dans le sanctuaire de la famille, la femme paraît jouer un rôle bien modeste dans la société. Sa voix ne retentit jamais à la tribune, son bras est inhabile à manier l'épée, et le livre de la science, dit-on, n'est pas écrit pour elle : savant, soldat, orateur, la femme n'est rien !

Mais, comme une déesse invisible, elle crée l'homme, elle l'anime, le conseille et le dirige.

La voilà, silencieuse auprès d'un berceau, souriant à ce petit être qu'elle vient d'enfanter au milieu d'atroces douleurs ; hier il buvait son sang, il s'abreuve aujourd'hui de son lait, demain il apprendra d'elle à bégayer son premier mot, à lire sa première lettre. Dans ce petit corps qu'elle a créé, la mère fera palpiter un cœur, luire une intelligence ; bientôt la patrie aura un homme : alors l'œuvre de la femme sera terminée et sa tâche accomplie.

Non, pas encore : auprès d'elle, fille, amante, épouse ou mère, cet homme viendra souvent encore réchauffer son courage, guérir son cœur endolori et chercher l'inspiration des nobles pensées, des grandes actions. Voilà le véritable rôle de la femme.

Aussi, pour peser le lourd fardeau de ses devoirs, faudrait-il la suivre dans toutes les phases de sa vie, depuis le jour où, jeune enfant, elle égaie le foyer, jusqu'à l'heure où elle s'éteint en laissant à ses petits enfants, avec sa bénédiction, ses derniers conseils.

Une telle étude des devoirs de la femme, de ses joies et de ses douleurs, aux diverses périodes de son existence et dans les milieux différents où le sort l'a placée, cette étude, si elle était tracée d'une plume spirituelle, ne serait peut-être pas sans charme; elle ne serait assurément pas sans fruit si elle était inspirée par le noble sentiment auquel obéit le pilote, lorsque, après avoir parcouru la route, il signale, à ceux qui la suivent, les mille dangers, les mille écueils à éviter pour arriver heureusement au port.

Mais parmi les innombrables auteurs, poëtes ou philosophes, romanciers ou moralistes qui ont fait comme à l'envi l'histoire de la femme, qui ont fouillé son cœur, discuté ses droits, critiqué ses actes, ils sont rares ceux qui ont daigné la suivre dans la pratique quotidienne de la vie.

Pour l'écrivain désireux de plaire, ces humbles détails sont dépourvus de poésie : mieux vaut donner libre carrière à son imagination, sans regarder de trop près la réalité.

Les médecins, il faut le dire, n'ont point dédaigné, comme eux, ces importantes minuties. Par habitude sans doute, ils savent mieux préférer l'utile à l'agréable, les faits positifs aux vaines théories ; surtout ils ont vu plus souvent les erreurs, les imprudences les plus légères, s'expier par de terribles conséquences. Et pourtant, malgré leur attentive observation, ont-ils prévu toutes les moindres actions, deviné tous les secrets préjugés, prévenu toutes les inquiétudes ?...

Comment l'auraient-ils pu ? Ils n'ont pas

vécu de la vie de la femme ; ils n'ont pas senti l'amour de l'enfant avec le cœur de la mère.

Plus heureuses qu'eux, nous pouvons parler d'après notre propre expérience. Ayant parcouru déjà la première partie du chemin, nous en connaissons les dangers... Il suffit de rappeler nos souvenirs d'hier, nos préjugés étranges, nos erreurs sans nombre, nos craintes puériles, pour être certaine qu'en les signalant à la jeune femme, à la jeune mère, nous pourrons alléger son cœur de bien des soucis, la mettre en garde contre plus d'un péril ; car beaucoup d'entre elles pensent et agissent aujourd'hui comme nous pensions et agissions hier.

Pour ne parler ici que des jeunes mères (ce mot résume presque tous les devoirs de la femme), combien sont suffisamment préparées à cette lourde tâche de la maternité ? La jeune fille entre comme au hasard dans cette vie nouvelle, elle y marche inconsciente, et parfois c'est au prix de cruels sacrifices qu'elle acquiert un peu d'expérience : aussi les victimes sont nombreuses. Comptez les petites croix du cimetière, jetez un regard dans les hôpitaux, les prisons, autour de vous, et rappelez-vous que parmi ces enfants morts au seuil de la vie, parmi ces infirmes qui traînent une existence malheureuse, parmi ces misérables flétris par le crime, un grand nombre expient l'ignorance, les préjugés, la négligence, de parents imprudents ou coupables.

Les lois de la nature nous dominent, nous étreignent ; nul ne saurait s'y soustraire : la cause produit fatalement son effet. Ces lois ne nous régissent plus tout à fait à notre insu ; si la plupart se cachent encore mystérieuses à notre esprit, la science, déjà, nous en fait entrevoir un grand nombre.

Ce sont elles qui doivent nous servir de guide.

Pourquoi ne sont-elles donc pas connues de tous ? Pourquoi les mères surtout les ignorent-elles ? Ces notions les touchent de si près, elles et leurs enfants ! Pourquoi..? Ceux-là peuvent le dire, qui proclament bien haut que de toutes les femmes, la plus ignorante est la plus parfaite; que la science, cet aliment divin de l'un, est un poison pour l'autre. Nouveaux Chrysales, c'est assez pour eux qu'elle sache *distinguer un pourpoint d'un haut-de-chausse ;* et ils espèrent que leurs enfants seront jamais des hommes vraiment dignes de ce nom. Puisqu'ils ont le privilége de la science, ils ne doivent pas ignorer cependant que la grande loi de l'hérédité gouverne le monde intellectuel et moral comme le monde physique, que la femme, comme l'homme, et peut-être plus que l'homme, lègue à ses enfants, avec ses qualités ou ses défauts physiques, une partie de son intelligence, tantôt amoindrie par l'oisiveté, tantôt ennoblie par le travail.

D'ailleurs, à la mère est dévolue la charge d'élever son enfant, de le guider le plus loin possible dans la vie, et un tel art ne s'improvise pas. Elle doit lire et apprendre. Est-ce donc si facile de veiller sur ce petit corps débile, sur cette jeune intelligence qui luit à peine ?

Eclairer la jeune femme, tel est le but de ce livre. Nous aurions voulu la suivre ou plutôt la guider plus avant dans sa route ; mais, fidèle à notre résolution de ne parler que par expérience, nous avons dû nous arrêter à la première étape. N'est-ce pas la plus pénible ? Grossesse, accouchement, lactation : que d'espérances, de douleurs, de veilles dans ces trois mots !

Ainsi limité, le sujet est encore assez

vaste ; il le serait cent fois trop si nous voulions, dans un seul volume, décrire en détail les nombreuses maladies qui peuvent troubler les périlleuses fonctions de la maternité.

Il faudrait bien le faire si notre livre s'adressait au public médical ; mais telle n'est pas notre prétention.

C'est aux maîtres qui ont vieilli au chevet des malades qu'appartient le droit, qu'incombe le devoir de transmettre à ceux qui les suivent le fruit de leur expérience. Ils ne faillissent point à ce devoir, et la littérature médicale ne manque pas de volumineux ouvrages sur ce sujet : ils existent dans presque toutes les langues, et sont signés des plus grands noms.

C'est en les lisant, en les étudiant, que nous avons reconnu nos erreurs et pris la résolution d'aider les mères qui veulent comme nous s'éclairer sur leurs devoirs;

car ils n'ont pas beaucoup d'attraits pour les profanes ces gros livres écrits pour des hommes préparés à leur lecture par de longues études.

Nous avons évité avec grand soin les discussions trop savantes, les descriptions longues et fastidieuses, qui seraient sans intérêt et surtout sans utilité pour la jeune femme. Elle ne doit pas, en effet, espérer jamais remplacer le médecin près du berceau de son enfant. Elle serait bien coupable celle qui croirait avoir acquis, par une lecture de quelques jours, la science et l'expérience que d'autres n'ont pu acquérir qu'avec de longues années ! Nous serions bien coupable nous-même si nous voulions entretenir de pareilles espérances et de pareilles illusions !

Non, pour avoir acquis quelques notions en médecine, la femme ne saurait se passer des conseils du médecin. Lorsque, par malheur, ses soins intelligents n'auront pu détourner le péril, elle sera la première à réclamer les lumières de l'expérience. Ne comprendra-t-elle pas mieux combien l'erreur est facile, combien la moindre faute peut être dangereuse? Le médecin trouvera en elle un aide plus intelligent, un esprit moins crédule qui n'ira plus chercher des remèdes ridicules, souvent dangereux, auprès d'une bonne femme ignorante ou d'un charlatan *trop adroit*.

Puisse donc notre livre être lu ! Puisse-t-il être utile ! Nous l'espérons. Oui, nous nous adressons aux femmes et aux mères, avec la confiance d'être doublement comprise et par l'intelligence et par le cœur ; car nous aussi, nous sommes femme et nous sommes mère.

LA FEMME

CHAPITRE PREMIER

Aperçu sur l'anatomie de la Femme.

Pour aborder avec fruit l'étude des fonctions et des maladies de la femme, il est nécessaire de jeter au préalable un rapide coup d'œil sur son organisation générale, surtout sur l'appareil qui caractérise plus particulièrement son sexe. A qui ne possède aucune notion sur la structure et les rapports de la matrice, des ovaires, des mamelles, comment faire comprendre les phénomènes si complexes de la menstruation, de la grossesse ou de l'allaitement? Comment expliquer l'action des mille causes diverses qui viennent si souvent en troubler le cours? Quelque fastidieuses qu'elles soient, ces considérations anatomiques sont donc indispensables. Nous saurons, du reste, éviter les détails trop ardus et nous imposer les plus étroites limites.

A part les mamelles, tous les organes de la maternité sont contenus dans la *cavité du bassin,* où ils sont abrités contre les violences du dehors par des parois osseuses extrêmement résistantes. Ces parois du bassin sont constituées en arrière par le sacrum, os large et incurvé, faisant suite à la colonne vertébrale et s'unissant en bas avec un osselet étroit et mobile désigné sous le nom de coccyx; sur les côtés et en avant, les deux vastes os iliaques, avec leurs surfaces irrégulières, leurs bords sinueux, suffisent à fermer cette enceinte protectrice, tout en servant de point d'attache et d'appui aux membres inférieurs.

L'enfant doit cheminer à travers le canal osseux ainsi formé : aussi les accoucheurs en ont-ls mesuré les dimensions avec une précision minutieuse. Nous y insisterons en temps et lieu.

Pour l'heure, il suffit de savoir que ce canal est loin de présenter partout les mêmes diamètres; sa forme évasée en haut, plus étroite en bas, l'a fait comparer à un entonnoir.

L'évasement supérieur appelé grand bassin n'a d'ailleurs aucun rapport constant avec l'appareil génital ; il supporte les circonvolutions intestinales; la matrice ne peut y prendre appui que pendant la gestation, quand, trop volumineuse, elle vient chercher dans l'abdomen un asile temporaire. Sa demeure habituelle est le petit bassin, c'est-à-dire la partie inférieure de l'excavation, partie qui est aussi la plus étroite. Ce petit bassin est fermé en bas par de nombreux plans musculaires et aponévrotiques qui doivent traverser les appareils digestif, urinaire et génital pour communiquer avec l'extérieur.

Ces trois séries d'organes ont donc, dans cette région du bassin, des rapports très-intimes et très-importants. On verra souvent la maladie de l'un troubler la fonction de l'autre. Que la matrice, par exemple, devienne plus volumineuse par maladie ou grossesse, bientôt elle comprimera la vessie, gênera l'intestin et produira ainsi des désordres dont l'origine sera souvent méconnue. Les rapports qu'affectent entre eux ces divers appareils méritent donc toute l'attention.

La *matrice*, organe de la gestation, occupe à peu près le centre du petit bassin ; en avant est

la vessie, en arrière l'intestin rectum, et de chaque côté les ovaires. Isolée, elle a la forme
d'une petite poire aplatie; sa grosse extrémité
regarde en haut, c'est le corps; la petite regarde
en bas, c'est le col. Ce dernier fait saillie dans
le canal vaginal, où on peut voir et toucher son
extrémité qui, pour sa forme, a reçu le nom de
museau de tanche.

Les auteurs sont loin de s'accorder sur les dimensions, le volume de l'utérus; on le conçoit, il
varie avec l'âge, la grossesse, la menstruation, la
maladie. Très-petit chez l'enfant, il double presque de volume au moment de la puberté, et s'a-
trophie comme un organe inutile après la ménopause; pendant la grossesse, ses dimensions
sont colossales, et même longtemps après la
délivrance, il ne revient plus jamais à son volume primitif; enfin s'il est le siége d'une inflammation, il pourra grossir encore sous l'influence
de cette suractivité maladive. Chez la jeune fille
nubile qui n'a jamais eu d'enfants, la matrice a
en général une longueur de six à sept centimètres, une largeur de trois à quatre, et enfin une
épaisseur de quinze et même vingt millimètres.
Seulement il faut se rappeler que ces chiffres
n'ont rien d'absolu et peuvent beaucoup varier.

La matrice est creusée d'une cavité triangulaire qui reçoit par chacun de ses angles latéraux une trompe dite de Fallope, et qui, par son angle inférieur, se continue avec la cavité du col; celle-ci est presque linéaire, elle s'ouvre au centre du museau de tanche, dans le vagin. Chez la jeune fille, cet orifice est très-étroit, c'est plutôt une petite fente transversale. Mais après la grossesse, l'orifice reste arrondi, et les bords sont couverts de petites cicatrices, traces ineffaçables des déchirures qui accompagnent presque toujours l'accouchement. La membrane muqueuse qui tapisse la cavité de la matrice est fort épaisse ; elle diffère au niveau du corps et au niveau du col ; elle est remarquable par des glandes nombreuses, par des plis irréguliers au milieu desquels l'œuf pourra s'arrêter et prendre pour ainsi dire racine, s'il a été préalablement fécondé ; elle est remarquable surtout par le nombre et le volume de ses vaisseaux : ce sont eux qui sont le siége de l'hémorrhagie menstruelle, à partir de la nubilité.

Le tissu propre de la matrice est fort résistant; il est constitué en grande partie par des fibres musculaires : ses éléments augmentent de volume pendant la grossesse. Ce sont ces fibres musculaires

qui, par leurs contractions énergiques, expulse-
ront l'enfant lorsque l'heure en sera venue. Il
est inutile de signaler les diverses directions
qu'elles prennent, suivant qu'elles appartiennent
à un plan plus ou moins profond. Leur but et
leur action sont toujours les mêmes : elles chas-
sent l'enfant en rétrécissant progressivement la
cavité utérine.

Cet organe, qui doit atteindre un volume aussi
considérable que la matrice pendant la grossesse,
est nécessairement fixé dans sa position par des
ligaments qui lui permettent une certaine mobilité. En effet, malgré des liens puissants qui
l'unissent à la vessie, à l'intestin, aux ovaires,
au bassin et à l'abdomen, l'utérus peut librement osciller sans exercer de tiraillements douloureux sur les organes voisins. Chez certaines femmes, principalement chez celles qui ont
donné le jour à de nombreux enfants, on le voit
descendre parfois très-bas dans le canal vaginal
et même faire saillie au dehors, sans que ces
malades éprouvent de grandes douleurs ou cou-
rent de sérieux dangers. Un enfant n'a-t-il pas
pu vivre et arriver à terme dans une matrice qui
pendait ainsi hors de la cavité abdominale? Cette
immunité n'est pourtant pas la règle; des dé-

placements bien moins prononcés peuvent être l'origine de graves accidents. Tantôt, en s'inclinant en avant, l'utérus pèse sur la vessie, ne lui permet plus de se distendre, et produit ainsi de constants besoins d'uriner pouvant aller jusqu'à l'incontinence ; tantôt, en comprimant l'intestin en arrière, elle met obstacle au cours des matières qu'il renferme : une constipation opiniâtre en est la conséquence. Ainsi, pour le médecin, l'utérus n'est pas moins remarquable par ses rapports que par ses fonctions.

Il n'en est pas de même des *ovaires*. Ceux-ci, à cause de leur petit volume, sont comme perdus au milieu des larges ligaments qui partent de chaque côté de l'utérus. Ils sont difficilement accessibles à notre observation. C'est seulement lorsqu'ils sont le siége de quelques phénomènes pathologiques qu'il est possible de les sentir à travers les parois abdominales, surtout au niveau des fosses iliaques. Leurs fonctions sont peut-être plus importantes que celles de l'utérus lui-même : l'ovule fécondé peut se développer en dehors de la matrice, tandis que sans ovaires, sans œuf, par conséquent, il n'y a jamais de grossesse.

Les ovaires sont au nombre de deux chez la

femme; certains animaux en ont un plus grand nombre. Par leur volume comme par leur forme, ils ressemblent à une grosse amande. Leur surface est blanchâtre. Chez l'enfant, elle est lisse; mais plus tard elle est irrégulière, bosselée, couverte de saillies pouvant atteindre la grosseur d'un grain de mil, d'un pois, voire même d'une petite noisette. Ces saillies, formées par des vésicules transparentes, contiennent des ovules à divers degrés de développement. Ces vésicules, nommées vésicules de Graaf, sont, avec les ovules qu'elles renferment, la partie essentielle de l'ovaire. Elles apparaissent, sous la forme de cellules extrêmement petites, au milieu du tissu fibreux qui constitue les couches périphériques de l'organe. Les couches les plus centrales sont colorées en rouge par les nombreux vaisseaux capillaires qui président à la nutrition de l'organe.

Quand la vésicule de Graaf a atteint tout son développement, est arrivée à complète maturité, elle se rompt, et l'ovule s'échappe au dehors. Alors qu'il se détache, cet ovule est encore bien petit, puisqu'il est à peine perceptible à l'œil nu. Mais, grâce au microscope, son étude est faite : son analogie avec l'œuf des oiseaux ne saurait plus être contestée. Après cette déchirure de la vésicule, la surface de l'ovaire se trouve nécessairement ulcérée. Les cicatrices nombreuses et diversement colorées que l'on constate sur l'ovaire, à un âge avancé, sont les traces ineffaçables de ces plaies périodiques.

Mais que va devenir l'ovule mis en liberté, échappé de la vésicule de Graaf? Va-t-il s'égarer dans la cavité abdominale? On pourrait le croire, car aucun canal ne fait directement communiquer l'utérus et l'ovaire. Non. De chaque côté de la matrice partent deux conduits dont la lumière très-étroite s'abouche dans la cavité utérine. Ils portent le nom de trompe de Fallope. Par une de ses extrémités, la trompe est fixée au corps de l'utérus, tandis que par l'autre elle flotte librement dans l'abdomen ; cette extrémité mobile se termine par un pavillon bordé de franges irrégulières. Au moment où doit se rompre la vésicule, elle vient, comme une espèce de ventouse, s'appliquer sur l'ovaire. L'œuf trouve ainsi un chemin qui va le conduire directement dans l'utérus : il s'y engage, des mouvements favorisent sa progression. C'est pendant ce court trajet, et non ailleurs, qu'il doit, pour être

1.

fécondé, rencontrer les éléments vivants du liquide spermatique ; sinon il meurt bientôt, et ne s'arrête pas dans la cavité utérine. Son faible volume explique pourquoi sa chute au dehors passe toujours inaperçue.

Les organes dont nous venons de parler sont profondément placés ; par le canal vaginal, ils se mettent en communication avec l'extérieur.

C'est le *vagin* qui donne accès dans la matrice. C'est par ce canal que s'écoule le sang menstruel, que s'accomplit la fécondation et qu'arrive au jour le produit de la conception.

La longueur de ce canal est de dix centimètres environ ; du reste, les variétés sont nombreuses. L'élasticité des parois ne permet pas de donner une mesure même approximative de sa largeur. L'âge, les rapports sexuels fréquents, les accouchements, sont autant de causes qui font varier les dimensions du vagin. Il existe aussi de très-grandes différences que l'on peut rapporter aux races et aux individus. Certaines femmes, dans notre race, présentent une telle étroitesse, que l'accouchement et même la fécondation ne peuvent s'accomplir qu'avec de grandes difficultés et de vives douleurs. La femme nègre présente, dit-on, une ampleur du vagin vraiment remarquable: c'est un privilége qui doit, à l'heure de l'accouchement, lui épargner bien. des souffrances. Les dimensions ne sont pas égales en tous les points. Près de l'orifice vulvaire, les tissus moins extensibles opposent une plus vive résistance, qu'augmentent encore les contractions d'un anneau musculaire existant toujours à ce niveau. La muqueuse vaginale est fine, des glandes nombreuses et volumineuses l'humectent, la lubrifient, en versant à sa surface le produit de leur sécrétion. Ses plis et ses replis lui permettent de se distendre sans se déchirer, et, après s'être énormément distendue, de revenir très-vite à son état primitif.

Chez la jeune fille vierge, l'orifice du vagin est en partie fermé par une membrane mince qui porte le nom d'*hymen*. Cette membrane est perforée, tantôt d'une simple fente régulière ou frangée, tantôt d'un véritable trou en forme de cercle, de croissant ou de fer à cheval. Lorsqu'elle a été rompue, les lambeaux se rétractent et prennent le nom de *caroncules myrtiformes*. Lorsque l'hymen est imperforé, ce qui est rare très-rare, le sang menstruel ne pouvant s'écouler s'accumule dans le vagin et l'utérus; il peut être l'origine de quelques accidents.

On fait à tort de l'hymen le signe absolu de la virginité. Nous ignorons s'il est vrai qu'il puisse se rompre dans les mouvements violents; mais nous savons bien qu'il peut quelquefois persister, malgré de fréquents rapports conjugaux.

Nous ne dirons rien ni du clitoris ni des petites lèvres. Ces organes accessoires sont utiles pour assurer la perpétuité de l'espèce.

La femme ne se distingue pas seulement de l'homme par l'appareil propre à son sexe ; toutes les parties de son être portent une empreinte caractéristique. Pour être analogues à ceux de l'homme, ses organes ne sont pas semblables; presque chaque fonction s'accomplit chez elle suivant un mode tout à fait spécial.

Au premier aspect, la différence est frappante : personne ne confondit jamais une Vénus avec un Jupiter Olympien. Ce n'est pas la petite stature de la femme qui saisit d'abord l'attention, quoiqu'elle soit chez elle moins élevée que chez l'homme d'un douzième environ de la longueur du corps; c'est plutôt cette harmonie particulière qui préside à l'arrangement de chaque partie, de chaque région. Les proportions ne sont plus les mêmes. La tête est relativement moins volumineuse; le front s'abaisse et se rétrécit, tandis qu'au contraire le crâne devient plus spacieux en arrière; on croirait qu'il s'agrandit pour laisser plus de place aux sentiments affectifs, s'il était permis de localiser ainsi les facultés dans telle ou telle région des centres nerveux. Le cou est, chez elle, plus allongé, ses contours sont plus arrondis, grâce à la glande thyroïde qui dissimule mieux que chez l'homme la saillie disgracieuse du larynx. Par contre, la poitrine est plus courte, mais elle s'élargit davantage: ne faut-il pas une place à ces mamelles où l'enfant va puiser la vie? L'abdomen aussi est plus ample; il pourra, quand viendra l'heure de la maternité, contenir sans danger l'utérus, malgré son énorme développement. Enfin le bassin est plus évasé, plus circulaire; c'est à ce niveau que le corps de la femme a sa plus grande largeur, tandis que, chez l'homme, les épaules sont plus larges que les hanches.

Examine-t-on chaque tissu, chaque système, chaque organe? on ne constate pas des différences moins importantes.

La peau de l'homme s'épaissit et se couvre de

poils. Celle de la femme, plus fine, plus souple, ne se veloute jamais, du moins très-exceptionnellement, que d'un léger duvet; mais sa tête s'orne en revanche d'une luxuriante chevelure.

A la femme seule appartient ce tissu graisseux, abondant, qui efface les éminences des muscles, les formes anguleuses des os et donne plus de moelleux, plus de grâce aux contours. Ce tissu graisseux d'ailleurs recouvre chez elle des muscles moins développés et des os également moins volumineux, si bien qu'en voyant un squelette, il est facile de dire à quel sexe il appartenait.

Où trouver dans les deux sexes un seul appareil identique?

La femme ne marche pas comme l'homme ; les hanches, en écartant davantage les cavités cotyloïdes, centres du mouvement des membres inférieurs, donnent à sa démarche un caractère particulier.

En thèse générale, la femme ne se nourrit point comme l'homme : ses aliments sont moins abondants et plus délicats; son estomac a moins d'ampleur, son foie lui-même est plus petit.

La femme ne respire pas comme l'homme ;

pendant l'inspiration, le thorax se dilate davantage en haut, sous les clavicules ; la femme a la respiration dite pectorale, tandis que l'homme a la respiration abdominale ; l'air expiré renferme une moindre proportion d'acide carbonique tant que dure la menstruation ; les respirations sont plus fréquentes, peut-être parce que les battements du cœur sont plus rapides.

La femme ne parle pas comme l'homme ; l'étroitesse de son larynx, ou mieux de sa glotte, donne des caractères particuliers à sa voix qui est moins forte, plus aiguë, tout en restant et plus douce et plus tendre.

La femme ne sent pas comme l'homme. Son toucher n'est-il pas plus exquis ? Son palais peut-il supporter les fortes saveurs ? Son odorat n'est-il pas plus sensible aux parfums ?

La femme enfin ne pense pas comme l'homme : est-ce à dire qu'elle est moins intelligente ? Assurément non ; mais son intelligence est tout autre. Si tant est que ses idées manquent de profondeur, elles ont en revanche plus de finesse. Les réparties vives et spirituelles font le charme de sa conversation. Elle est habituée à observer plus qu'à réfléchir ; elle sait voir, mais des faits qu'elle a vus elle ne saurait toujours

tirer de rigoureuses conclusions. La mobilité de
son esprit, la vivacité de son imagination, l'in-
constance de ses goûts, expliquent assez pourquoi la femme a pu briller parfois dans la littérature, dans les sciences d'observation, mais
ne s'est jamais élevée à ces conceptions gran-
dioses, à ces généralisations puissantes, qui sont
l'œuvre des grands génies.

Par contre, son cœur est un trésor inépuisable
d'amour, de dévouement, de sacrifice ; c'est là
qu'est la source de ses plus nobles actions, c'est
par lui qu'elle est grande. Il y aurait beaucoup
à dire sur un tel sujet ; mais c'est affaire aux
moralistes et non pas à nous qui voulons surtout
étudier la femme dans les fonctions et les maladies qui lui sont propres.

Quelque grandes qu'elles soient, ces différences physiques et morales ne sont que rela-
tives ; elles paraissent intimement liées à la
différence plus profonde de l'appareil génital.
Lorsqu'une mutilation barbare a privé de ses
ovaires la petite enfant, elle est loin de revêtir à
la puberté tous les attributs extérieurs de son
sexe. Ainsi en est-il de l'homme. S'il a perdu de
bonne heure ses organes génitaux, sa peau res-
tera fine, imberbe, comme celle de la femme,

et sa voix conservera les mêmes caractères que celle de l'enfant.

La science n'a pas dit encore par quelle mystérieuse influence cet appareil peut retentir ainsi sur l'économie tout entière. Il n'en faut pas moins constater ces relations, car si elles sont si importantes à l'état de santé, elles le sont encore davantage à l'état de maladie. Plus d'une fois elles pourront nous éclairer sur la véritable origine de bien des accidents qui de prime abord ne paraissent en rien liés à des troubles de fonctions génitales, et qui pourtant disparaissent dès que ces troubles ont eux-mêmes disparu. C'est en se plaçant à ce point de vue que des médecins ont pu dire, avec l'apparence de la vérité, que *la femme est esclave de sa matrice*.

CHAPITRE II

Métamorphoses de la femme.

Telle que nous venons de la décrire dans cette étude succincte, la femme est arrivée à l'apogée de son développement physique ; elle a revêtu tous les attributs de son sexe ; tous ses organes sont entrés ou capables d'entrer en action ; mais elle n'arrive à cet état qu'après des métamorphoses fort curieuses. Plus tard, lorsque ces organes rentrent dans un repos définitif, d'autres changements non moins intéressants viennent encore imprimer à l'organisme une physionomie nouvelle...

Si l'on ne tient compte que des fonctions sexuelles, l'existence de la femme doit être divisée en trois périodes très-nettement limitées. L'enfance, pendant laquelle les fonctions sexuelles sommeillent encore ; l'âge adulte, où elles sont en pleine activité; et la vieillesse enfin, quand elles sont endormies pour toujours.

A notre point de vue, ces trois périodes de la vie ne présentent pas un égal intérêt.

Que dire de cette petite fille qui n'appartient encore qu'incomplétement à son sexe? Elle est loin de posséder tous ces caractères exterieurs qui plus tard établiront une si frappante diffé-rence entre l'homme et la femme : formes élan-cées, voix douce et aiguë, peau fine et vascu-laire, tout appartient en commun au petit garçon et à la petite fille. Les mêmes fonctions sont accomplies par les mêmes organes et troublés presque par les mêmes maladies; l'appareil sexuel incomplétement développé n'existe qu'à l'état latent. Considérée au point de vue intellectuel et moral, la petite fille présenterait assurément plus d'intérêt; car le sexe se trahit à cet âge par les goûts, les tendances, les aptitudes, plus que par l'organisation physique. Celui-là se complaît aux jeux actifs et bruyants ; celle-ci préfère de plus tranquilles amusements. L'un, avec ses tur-bulents compagnons, semble s'exercer pour de plus sérieux combats ; l'autre, avec sa poupée, cette première amie, paraît se préparer à l'avance aux soins de la maternité. Quoique ces

différences morales aient certainement leur origine dans la conformation des centres nerveux,
elles ne sont guère du domaine de la physiologie.
Nous ne saurions nous y arrêter sans oublier que
notre but n'est point, pour l'heure, l'éducation
morale, mais l'éducation physique. D'ailleurs
nous aurons l'occasion d'y revenir plus tard. Ne
faudra-t-il pas parler de son enfant à la mère,
lorsqu'elle devra veiller sur son berceau et guider
ses premiers pas?

Quand la jeune fille franchit les limites de
l'enfance et arrive à la puberté, son être moral
et physique se transforme. Elle ne doit plus seulement croître et grandir, mais créer; elle appartient à l'espèce, elle est femme. C'est à ce
moment que les qualités propres à son sexe
s'accentuent davantage : contours arrondis, tissu
cellulaire abondant, bassin évasé, etc., etc. Tous
ces caractères qui distinguent, avons-nous dit,
la femme de l'homme, apparaissent frappants à
cette époque. Le sein s'arrondit, son mamelon
se détache davantage sur l'auréole qui se colore;
les ovaires, de lisses qu'ils étaient, deviennent
irréguliers; ils se couvrent de bosselures formées par les vésicules de Graaf. Celles-ci, par
leur rupture, mettront désormais chaque mois un

ovule, un œuf en liberté. L'utérus enfin double de volume, son corps surtout s'agrandit et devient plus vasculaire; il sera la source de cette hémorrhagie périodique qui constitue la menstruation. Chute d'un œuf, hémorrhagie menstruelle, voilà les deux phénomènes qui marquent le début de la puberté, les deux signes certains de son activité sexuelle. Dès lors, la femme est féconde, elle peut devenir mère. Elle a des fonctions, des maladies qui n'appartiennent qu'à son sexe. Son hygiène doit être différente; c'est donc à cette époque qu'il y a véritable intérêt à faire l'étude de la femme. C'est l'heure pour la mère de veiller avec plus de soin que jamais sur le développement physique et surtout moral de sa jeune fille.

Etonnée par des vérités qu'elle entrevoit à peine, entraînée par de vagues aspirations vers un être idéal qu'elle devine sans le connaître, elle aime à se recueillir, comme pour distinguer sa route à travers les vastes horizons qui se découvrent tout à coup devant elle. Mille sentiments agitent son cœur et l'inquiètent, mille pensées se pressent en foule dans son esprit.

Elle est arrivée au moment où il lui faut une amie, intime confidente de ses pensées. Heureuse la mère que sa fille choisira pour verser dans son sein ses larmes d'inquiétude! Loin de perdre sa place dans le cœur de son enfant, elle l'occupera tout entier; elle y pourra lire, comme dans un livre ouvert, les passions naissantes. Nulle ne saura mieux compatir à ses faiblesses, la consoler et l'éclairer. Et qu'elle n'hésite pas à remplir ce rôle de confidente, son autorité maternelle n'en sera pas amoindrie; qu'elle ne craigne pas de lui laisser de bonne heure entrevoir la vérité : l'ignorance chez la jeune fille n'est pas toujours l'innocence.

C'est dans ses propres souvenirs que la mère trouvera le guide le plus sûr de sa conduite ; si elle se rappelle ce qu'elle a senti, désiré et souffert en passant de la vie insouciante de l'enfant à la vie inquiète, tourmentée de la jeune pubère, elle saura prévenir les désirs, deviner les pensées, provoquer les confidences de son enfant. C'est là que doivent tendre tous ses efforts; car de l'heure où elle aura conquis son entière confiance, sa fille sera à l'abri de tous les piéges tendus sous ses pas : elles seront deux pour veiller.

Peut-être serait-il à propos de dire aussi comment il faut, par une sage hygiène, préparer la jeune fille à ses nouvelles fonctions; mais il en sera temps encore lorsque nous connaîtrons les nombreux accidents qui accompagnent parfois la puberté. Ces dangers connus, ne sera-t-il pas plus facile de les éviter?

D'ailleurs, quand est passée cette période critique, quand la menstruation est définitivement établie et les organes habitués pour ainsi dire à leur nouvelle fonction, d'autres dangers surgissent. Voici venir le mariage et avec lui la grossesse et la lactation, qui vont modifier encore profondément l'organisme de la femme. Ces fonctions, ovulation, menstruation, grossesse et lactation s'accomplissent toutes pendant la deuxième période de la vie de la femme. Aussi cet âge est-il pour le médecin bien plus intéressant que les deux autres. Sa durée est de trente années environ.

Suit enfin la troisième période, qui est la vieillesse sexuelle de la femme, mais non pas encore la vieillesse du corps, la véritable vieillesse.

Alors la menstruation cesse, les organes sont inactifs, épuisés, incapables enfin de remplir leurs fonctions. Si l'utérus ne revient point, comme l'a dit Graaf, au volume qu'il avait avant la puberté, il est incontestable qu'il diminue de gros-

seur, ses parois sont plus denses et moins vasculaires. La fluxion périodique ne s'accomplit
plus dans ces tissus moins riches en vaisseaux
sanguins; elle n'est plus provoquée par la rupture de la vésicule et la chute de l'ovule. L'ovaire
flétri est frappé pour jamais d'impuissance; il ne
saurait donc réagir sur la matrice.

Presque toujours la menstruation en dispa-
raissant emporte avec elle toutes les douleurs,
toutes les fatigues propres à la femme.

Quelques-unes cependant éprouvent encore,
pendant de nombreuses années, des congestions
utérines régulières qui sans doute ne vont pas
jusqu'à l'hémorrhagie, mais s'accompagnent des
symptômes ordinaires de la menstruation. Alors,
dit Lisfranc, la femme reste malheureusement
femme à trop d'égards jusque bien avant dans
la vieillesse.

Les changements généraux qui s'accomplissent à cette époque sont remarquables. Le sang
n'est plus soumis à cette déperdition périodique;
il est, par conséquent, plus riche et fournit à tous
les organes, à tous les tissus, des éléments de
nutrition plus abondants. Le tissu cellulaire se
remplit de plus nombreuses cellules graisseuses;
les glandes mammaires, soulevées par ce tissu

adipeux trompeur, prennent un air de jeunesse.
Toute l'économie est le siége d'une activité nouvelle. Bien des femmes retrouvent une partie de leurs attraits. N'est-ce pas pour ce motif que cet âge a été nommé *l'âge de retour ?*

Ces charmes sont transitoires; bientôt ce tissu cellulaire disparaît ou devient trop abondant. Les mamelles se flétrissent, la peau se ride, et le léger duvet qui la recouvre s'épaissit, se colore et acquiert sur la face surtout une plus grande consistance. La femme possède donc à cette époque une constitution, des apparences qui rappellent un peu celles de l'homme, qui lui donnent un aspect un peu viril.

Mais c'est surtout au point de vue intellectuel que cette ressemblance avec l'homme est frappante. La femme, loin de vieillir à la ménopause, acquiert une intelligence plus lucide, un jugement plus juste et plus droit qui s'allie chez elle à cette facilité d'esprit qu'elle possédait autrefois et n'a point perdu. C'est l'heure où elle reconnaît ses erreurs passées, où elle peut donner de sages conseils. Rien n'est agréable comme la conversation d'une bonne grand'mère; elle a pu acquérir l'expérience de la vie. Elle sait observer avec justesse, apprécier avec indulgence, juger et raconter avec esprit. Elle croit avoir perdu toutes ses illusions, tout en étant encore plus que jamais l'esclave de son cœur.

Car enfin, par le cœur, elle ne cesse pas d'appartenir à son sexe; elle est toujours pleine d'amour, de dévouement. Elle aime, adore et gâte ses petits enfants, comme elle ne fit jamais pour ses propres enfants.

La femme est bien différente dans ces trois périodes de son existence : nous venons de le voir. Faut-il en chercher la cause dans le seul phénomène de l'ovulation et de la menstruation? On pourrait le penser, puisque c'est elle qui établit la distinction entre ces trois périodes, qui permet d'assigner à l'une et à l'autre des limites bien précises.

Mais la menstruation n'est elle-même qu'une des manifestations de cette grande force encore mystérieuse qui préside au développement de la femme et à ses transformations.

CHAPITRE III

Menstruation et ovulation.

La menstruation est une fonction propre à la femme, qui se caractérise par deux phénomènes essentiels : la chute d'un œuf ou ovule mis en liberté après la rupture de la vésicule de Graaf, c'est l'*ovulation ;* une hémorrhagie périodique des organes sexuels, c'est la *menstruation* proprement dite. Ces deux fonctions sont liées l'une à l'autre par des rapports intimes, elles s'accomplissent simultanément : aussi les décrivons-nous, sans les confondre, sous la dénomination commune de *menstruation.*

L'hémorrhagie, pour être le fait le plus apparent, n'est pas cependant le plus important. Quand elle existe seule, il n'y a pas menstruation, mais métrorrhagie, ce qui est bien différent. Pour que l'écoulement sanguin mérite le nom de menstruation, il faut qu'il soit accompagné, on pourrait dire provoqué, par l'ouverture de la vésicule de Graaf. Cette chute de l'œuf est donc le fait capital.

Lorsqu'on examine d'ailleurs ce qui se passe et comment cette fonction s'accomplit dans la série animale, on peut facilement se convaincre que la production de l'ovule ou de l'œuf ne s'accompagne jamais de flux hémorrhagique, à moins qu'on ne veuille donner ce nom à cet écoulement muco-sanguinolent qui accompagne le rut chez les femelles de quelques animaux.

L'hémorrhagie menstruelle n'existe que chez la femme ; encore peut-elle faire défaut, sans qu'il y ait nécessairement stérilité. Des femmes sont devenues mères, qui n'ont jamais été réglées; des ovules étaient produits, puisque l'un d'eux a été fécondé. Par contre, quand il n'y a pas production d'ovules, il n'y a pas de fluxion menstruelle : ce qui prouve bien que celle-ci dépend de celle-là.

La menstruation est périodique, elle revient à des époques régulières. Quand la vésicule de Graaf est arrivée à maturité, il s'accomplit, par un mécanisme aujourd'hui bien connu, une congestion de tout l'appareil sexuel, plus manifeste au niveau de l'utérus et de l'ovaire ; elle distend l'organe et favorise la rupture de la vésicule de Graaf. On voit que la fluxion sanguine vers les organes génitaux, par conséquent, l'hémorrhagie utérine, doit précéder l'arrivée de l'œuf dans la matrice, et en effet il en est ainsi. On sait aujourd'hui que la vésicule de Graaf s'accomplit dans les premiers jours de la menstruation.

Nous avons dit, en parlant des ovaires, qu'aucun canal ne fait directement communiquer ces deux glandes avec la matrice ; nous avons montré comment la trompe de Fallope vient, en s'appliquant sur l'ovaire, recueillir l'ovule et lui permettre d'arriver dans l'utérus : il nous paraît superflu d'insister davantage. Qu'il suffise d'ajouter que l'œuf progresse dans le conduit tubaire par le mouvement de petites cellules couvertes de cils vibratils qui peuvent s'agiter et s'infléchir ; ils se redressent quand l'ovule est passé et empêchent son retour en arrière. Si la fécondation ne s'accomplit point dans la trompe, dans son tiers externe, les parois de l'ovule sont trop épaisses pour être pénétrées par les éléments spermatiques : l'œuf meurt et ne fait que passer dans la cavité utérine sans s'y développer. Est-il au contraire fécondé en chemin ? il se fixe dans les plis de la muqueuse utérine, où il subit ces importantes transformations que nous étudierons longuement dans la suite.

Après chaque déchirure, il reste à la surface de l'ovaire une plaie superficielle qui marche plus ou moins rapidement à la cicatrisation, suivant que l'ovule a été fécondé ou non. S'il est fécondé, les cellules qui tapissaient l'intérieur du follicule de Graaf se multiplient encore après sa déchirure, elles se remplissent de fines gouttelettes graisseuses : aussi la cicatrice est-elle volumineuse, lente à s'affaisser ; elle égale une petite noix dans les derniers mois de la grossesse. La graisse contenue dans les cellules et le sang resté dans la plaie lui donnent une coloration jaunâtre.

Si l'œuf n'est pas fécondé, la cicatrice, tout en prenant une couleur brune, n'atteint jamais qu'une faible dimension ; légèrement saillante pendant la première semaine, elle se déprime rapidement et se rétracte avant la prochaine menstruation. Il n'avait pas tout à fait raison l'auteur qui a spirituellement dit que la femme est une perpétuelle blessée.

Ce n'est pas dans cette blessure de l'ovaire qu'il faut chercher la source de l'hémorrhagie

menstruelle ; le sang qui s'exhale à la surface
d'une ulcération si peu profonde reste sur le
lieu même de la lésion. Le sang des règles vient
de la muqueuse utérine; ce fait est aujourd'hui
hors de toute conteste. Les examens faits de la
matrice chez les femmes qui ont succombé pendant le cours de la menstruation, montre une
vascularisation toute particulière de la muqueuse
utérine. On peut voir des érosions presque microscopiques, de petites déchirures des vaisseaux capillaires, suffisantes pour donner issue
au sang qui s'écoule. Maintenant qu'il est prouvé
que le sang peut avec ces éléments globulaires
sortir de vaisseaux intacts, il est permis de supposer que toute la surface de la muqueuse utérine est le siége de l'exhalation sanguine, quand
on n'a pu rencontrer d'ulcération comme il
arrive quelquefois.

Il ne faudrait pas juger de la quantité du sang
écoulé par les linges qui en sont imprégnés.
Une estimation ainsi faite donne occasion à des
erreurs. Des médecins s'y sont trompés, et les
femmes se laissent chaque fois induire en erreur,
elles exagèrent la quantité du sang qu'elles perdent à chaque époque. Les menstruations les
plus abondantes n'enlèvent pas à la femme plus

de deux cents ou deux cent cinquante grammes
de sang. Dans les menstruations ordinaires, l'é-
coulement est de cent à cent cinquante grammes.
Nous devons ajouter que quelques femmes perdent encore beaucoup moins, malgré une excellente santé. Bien des causes peuvent faire varier
la quantité de l'hémorrhagie. Chacun sait que
les femmes de certaines peuplades sauvages de
l'Afrique ne sont jamais soumises au flux
menstruel ; chez elles, il y a ovulation, puisqu'elles sont fécondes; mais la chute de l'ovule
ne s'accompagne pas d'hémorrhagie. Dans la
race nègre, les règles paraissent couler moins
abondantes que dans les races caucasiques. Sous
des ciels différents, la quantité peut aussi varier
beaucoup. Les femmes du nord de l'Europe
perdent moins de sang que celles du midi. Le
séjour dans les grands centres de population,
les professions libérales, les travaux intellectuels,
les lectures libres, la danse, les excès de toutes
sortes, sont les causes principales qui, dans la
même race et sous le même climat, augmentent
la quantité du flux menstruel. Nous verrons
d'ailleurs ces différences de profession, de climats, de races, influer sur tous les phénomènes
de la menstruation.

La durée de cette fonction varie entre deux et huit jours : dans le plus grand nombre des cas, elles durent trois ou quatre jours. Ce n'est pas, comme on pourrait le croire, chez les femmes qui perdent plus longtemps, que le sang écoulé est le plus abondant. Telle femme n'est réglée que pendant deux jours, qui perd cependant des flots de sang. Chez les femmes fortes, bien portantes, les règles ne doivent pas durer plus de cinq ou six jours; et encore n'y a-t-il pas, à proprement parler, d'hémorrhagie pendant le premier jour. C'est ordinairement un écoulement muqueux ou muco-sanguinolent ; ainsi en est-il encore durant le dernier jour. Nous devons dire que les femmes lymphatiques ont plus souvent une menstruation prolongée, tandis qu'au contraire, celles qui jouissent de tempéraments nerveux et sanguins ont une plus courte menstruation.

Le sang qui s'écoule pendant les premiers jours est toujours mélangé d'une certaine quantité de mucus vaginal; c'est à sa présence qu'il faut attribuer cette odeur particulière qu'exhale l'écoulement pendant les premiers et les derniers jours ; c'est par sa présence encore que l'on doit expliquer cette propriété particulière que possède le sang menstruel de ne se coaguler que très-rarement. Il n'y a pas longtemps, les auteurs soutenaient qu'il ne se coagulait jamais. La présence de caillots était pour eux la preuve d'un état de maladie. Nous sommes convaincu qu'il est bien peu de femmes des mieux portantes qui ne rendent, de temps à autre, quelques caillots au milieu du flux menstruel. Ce sang possède d'ailleurs les mêmes propriétés et les mêmes caractères que celui des hémorrhagies nasales ou bronchiques. On ne comprendrait guère les propriétés merveilleuses, bonnes ou mauvaises, que lui attribue aujourd'hui le vulgaire, si l'on ne savait que les préjugés les plus étranges ont régné autrefois parmi les savants eux-mêmes. Pour eux, ce sang était le plus subtil des poisons : Hippocrate le dit, et Galien ne le dément pas. Il entrait comme ingrédient indispensable dans la composition des philtres préparés par les Locustes de tous les siècles. Ne dit-on pas que la marquise de Montespan, au moment où elle voyait se refroidir le cœur du grand roi, lui administra plus d'une fois un pareil remède ?

Chez tous les peuples ont régné de pareils préjugés. Les Hébreux considéraient la femme

impure durant l'époque menstruelle. Séquestrée
neuf jours, elle ne pouvait reparaître en public
qu'après avoir été purifiée. Quiconque l'appro-
chait était impur comme elle. Et ces prescrip-
tions étranges étaient sanctionnées par les peines
les plus sévères ; ainsi les rapports sexuels
durant cette période étaient punis de mort.
Certains peuples asiatiques ont conservé en par
tie ces usages. Les femmes, pendant les règles
portent un signe particulier qui fait éviter leur
présence.

Dans les classes inférieures de nos sociétés
civilisées, il est encore telle femme qui, pendant
le cours de sa menstruation, craint de voir à son
approche le vin ou le lait s'aigrir, la fleur se
flétrir, et la plante se faner !

La menstruation s'établit dès le moment où
des follicules de Graaf sont arrivés à maturité ;
elle se répète et reparaît chaque fois qu'un ovule
est prêt à se détacher. Elle arrive environ
tous les mois ou plutôt tous les vingt-huit jours ;
mais là encore il y a de nombreuses variétés individuelles et aussi des variétés de races, de climats.
En général, on peut dire que la menstruation
est plus fréquente dans les mêmes conditions
où nous avons vu qu'elle était plus abondante.

Chez la même femme, les époques menstruelles ne sont pas toujours également éloignées. Le chiffre de vingt-huit jours que nous avons donné est une moyenne assez exacte. Chez une femme qui nota pendant toute sa vie l'époque de ses menstruations, la moyenne fut de vingt-sept jours et demi. C'est la durée approximative du mois lunaire. Au temps passé où l'on s'occupait davantage des influences des astres, cette coïncidence n'avait point passé inaperçue. Aussi chacun croyait la menstruation guidée et réglée par les phases de la lune ; aujourd'hui nous savons bien des femmes qui le croient encore. Est-il besoin de dire que c'est là un préjugé dont le bon sens a fait justice ? Pour que cette croyance fût fondée, il faudrait que toutes les femmes fussent réglées le même jour ou du moins à des intervalles égaux. Il n'en est rien : bien des femmes sont réglées toutes les trois semaines et même deux fois par mois ; beaucoup d'autres ne voient l'écoulement paraître qu'après trente, trente-cinq, quarante jours et plus. Il n'est pas un jour du mois de l'année qui ne soit pour un très-grand nombre de femmes le jour de la menstruation.

Nous avons signalé les deux phénomènes

principaux qui caractérisent la fonction de la menstruation, l'hémorrhagie et la chute de l'œuf ; mais il existe d'autres phénomènes accessoires qui ont aussi leur importance.

Chez presque toutes les femmes, chaque éruption menstruelle s'annonce quelques heures, voire même quelques jours à l'avance, par des symptômes presque caractéristiques. Une douleur vague et sourde se fait sentir dans la région des reins, douleur qui s'irradie parfois jusque le long des cuisses : les seins se durcissent, augmentent de volume et sont plus sensibles au toucher ; les organes génitaux sont le siége d'une ardeur toute spéciale, quelquefois d'un prurit fort pénible, surtout chez les femmes continentes ; une lassitude générale est ressentie dans tous les membres qui paraissent plus lourds et sont plus lents à se mouvoir ; il y a presque toujours une pesanteur à la tête pouvant aller jusqu'à, la céphalalgie ; de petits frissons et une légère accélération du pouls survenant alors peuvent inspirer quelques inquiétudes, si l'on n'est pas prévenu de la fonction qui se prépare. Plus d'un mari a pu constater d'autres symptômes qui ont aussi leur intérêt : le caractère de la femme change, il s'aigrit ; elle est impatiente, irritable ;

il en est plus d'une alors dont la société est loin d'être pleine de charmes ; la plus douce peut, pendant ces quelques jours, devenir une véritable Xantippe.

Au moment où le flux sanguin commence à paraître, tous les symptômes s'amendent et disparaissent. Il est bien rare qu'ils persistent durant toute la période menstruelle. C'est surtout au moment des premières apparitions des règles qu'ils revêtent quelque apparence de gravité : ils sont souvent fort légers après une ou plusieurs grossesses ; quelques femmes n'éprouvent même aucun accident, aucun signe prémonitoire de l'éruption des règles.

Nous avons vu, dans le chapitre précédent, quand la menstruation commence, quand elle finit ; il est inutile de le rappeler ici. Mais nous devons répéter que cette importante fonction est le signe presque certain de la fécondité de la femme, qu'elle est aussi le signe de sa santé. Tout trouble qui survient dans la menstruation en dehors de la grossesse et de l'allaitement annonce une altération plus ou moins grave soit de l'appareil sexuel, soit de l'organisme tout entier ; on le verra bien mieux dans le chapitre suivant.

CHAPITRE IV

Des divers troubles de la menstruation.

L'importante fonction de la menstruation ne commence pas toujours sans orage, lors même qu'elle est depuis longtemps établie : des causes très-diverses peuvent en troubler le cours. Tantôt les règles font complétement défaut, tantôt elles ne paraissent qu'au milieu de vives souffrances, tantôt enfin elles s'écoulent trop abondantes ou trop fréquentes.

Aménorrhée, Dysménorrhée, Ménorrhagie. Telles sont les dénominations attachées à ces trois états morbides, qui, plus d'une fois, sont provoqués par les mêmes causes.

AMÉNORRHÉE. — Chez la jeune fille qui a dépassé l'âge habituel de la puberté, et dont l'organisme est complétement développé, il faut toujours, lorsque la menstruation n'apparaît

point, en rechercher attentivement la cause.
De même chez une femme habituellement réglée,
lorsque les règles n'arrivent point à leur époque
habituelle, on doit penser à une maladie qui
est ou qui se prépare, ou à une lésion quelconque venant troubler la fonction.

Les causes de l'aménorrhée sont fort nombreuses; elles sont d'ailleurs différentes, suivant
que la femme a été ou non réglée. Dans un certain nombre de cas, le femme ou la jeune fille,
sans voir apparaître le flux menstruel, éprouve
cependant tous les symptômes qui précèdent ou
accompagnent la menstruation : douleur sourde
au niveau des lombes, pesanteur dans le bassin ;
tels sont les indices, à n'en pas douter, d'une
fluxion vers les organes génitaux.

Chez quelques jeunes filles, qui n'ont jamais
été réglées, le sang est régulièrement exhalé à
la surface de la muqueuse utérine, l'ovule s'é-
chappe normalement de la vésicule de Graaf ;
mais ni le sang ni l'ovule ne trouvent un libre
chemin pour s'écouler.

Tantôt l'obstacle est à l'entrée du vagin qu'obli-
tère une membrane hymen imperforée. Tantôt,
ce qui est plus rare, le col de l'utérus n'est pas
perméable. L'imperforation de l'hymen n'existe,

on le conçoit, que chez la fille vierge ; mais le vagin peut être fermé chez la femme par des adhérences cicatricielles. On en cite quelques exemples. L'occlusion de l'orifice de la matrice par des cicatrices n'est pas extrêmement rare après l'accouchement. Dans tous ces cas, les symptômes de l'aménorrhée sont les mêmes chez la jeune fille et chez la femme. Quand une jeune fille bien développée n'a jamais été réglée, si elle souffre à intervalle d'un mois environ de coliques plus ou moins vives, si son ventre se ballonne et devient légèrement douloureux, il faut penser à un obstacle mécanique, surtout si ces symptômes se répètent depuis quelques mois. C'est l'examen seul qui permet de préciser le diagnostic que les symptômes ont fait soupçonner. Quand une femme bien portante accuse les mêmes symptômes après un accouchement laborieux, l'attention doit être également éveillée. Dans ces différents cas, le traitement est tout indiqué : il faut remédier à l'oblitération par une opération chirurgicale. Cette opération est bien simple quand il s'agit de rompre l'hymen. Il faut le faire avec prudence, à une époque éloignée de la congestion menstruelle, pour éviter toute complication. Il faut aussi débarrasser avec soin le canal vaginal du sang qui s'y est peu à peu accumulé. Lorsque l'obstacle siége au niveau de l'orifice utérin, ou est produit par des brides cicatricielles, la difficulté est plus grande, et l'opération peut devenir dangereuse.

Ces variétés d'aménorrhée, par causes que l'on pourrait appeler mécaniques, sont loin d'être les plus fréquentes. Bien plus souvent l'organisme épuisé est incapable de fournir le tribut mensuel.

L'appauvrissement du sang peut avoir des origines bien différentes : une saignée copieuse comme on les pratiquait trop souvent jadis, une maladie longue, la phthisie, le cancer, etc... une nourriture insuffisante, le défaut d'exercice, la privation d'air et de lumière, les fatigues trop pénibles, les émotions, les soucis, telles sont les mille causes qui peuvent empêcher l'apparition du flux menstruel chez la jeune fille ou la jeune femme. Les preuves ne manquent pas. Que de jeunes filles régulièrement menstruées à la campagne cessent de l'être à la ville, malgré une nourriture plus riche ! Que de jeunes pensionnaires aussi ne sont réglées qu'au moment où les vacances les éloignent du couvent ! Il serait facile de multiplier les faits.

Une cause plus fréquente peut-être de l'aménorrhée est la chlorose. La coïncidence des pâles couleurs avec la cessation du flux menstruel est notoirement vulgaire. La chlorose est-elle produite par la disparition des règles? ou, au contraire, l'aménorrhée est-elle la conséquence de la chlorose? Les auteurs ont longtemps disputé, quelques médecins essayent encore aujourd'hui de guérir la chlorose ou provoquent par les emménagogues l'apparition ou la réapparition des règles. Mais si ce traitement compte quelques rares succès, il provoque plus souvent une aggravation de tous les symptômes. Guérir la chlorose est le plus sûr moyen de faire cesser l'aménorrhée, ce qui prouve assez que celle-ci dépend de celle-là.

D'autres causes peuvent également produire l'aménorrhée; mais leur mode d'action est plus obscur. Il paraît prouvé que la pléthore peut empêcher la menstruation. Comment et pourquoi? Il est difficile de le dire; mais le fait est admis par tous les auteurs.

Est-il plus facile d'expliquer l'aménorrhée dite nerveuse, que l'on constate chez quelques femmes irritables, d'ailleurs bien portantes? Assurément non.

Comment expliquer encore que des vers intestinaux puissent empêcher l'apparition ou le retour des règles? On cite pourtant un certain nombre de faits semblables.

Lorsque les organes génitaux ont été retardés dans leur développement, lorsque l'utérus est absent par vice congénital, quand les ovaires font défaut comme après les doubles ovariotomies, la menstruation ne s'accomplit jamais. Les quelques exceptions signalées sont trop peu nombreuses pour qu'il soit permis de les admettre sans réserve.

Peut-être faudrait-il ajouter qu'après des accouchements fréquents, la femme voit parfois ses règles disparaître pour jamais à vingt ou trente ans, sans qu'on puisse invoquer aucune maladie générale : chez ces femmes, les organes génitaux s'atrophient avant l'âge.

Les excès génésiques peuvent assez rarement arrêter le cours régulier de la menstruation. C'est la cause que l'on donne de l'aménorrhée dans une certaine classe de femmes.

C'est encore ainsi qu'il faut expliquer la suppression des règles qui se manifeste fort souvent chez la jeune épouse et peut, pendant quelques mois, lui donner la trompeuse espérance d'une grossesse.

Le traitement de ces différentes espèces d'aménorrhée varie beaucoup, on le conçoit, suivant
les causes différentes qui l'ont produite. On a vu
qu'il fallait un traitement chirurgical à l'aménorrhée mécanique. Lorsque la cause est une
altération du sang, il faut, avant de rappeler
l'écoulement menstruel, veiller à la santé générale, réparer le sang appauvri. L'air, la lumière,
l'exercice, les aliments, font-ils défaut ? il sera
facile d'y remédier. Est-on en présence d'une
chlorose? le fer, les toniques, constituent le traitement par excellence ; il serait imprudent de
rappeler l'écoulement sans avoir préalablement
rendu au sang sa richesse en éléments solides.
De même, lorsqu'une maladie quelconque a
provoqué l'aménorrhée, il faut guérir avant tout
la maladie principale, bien certain que la menstruation reparaîtra quand on aura fait cesser
la cause qui a produit sa suppression.

En un mot, il faut savoir que l'aménorrhée
n'est pas une maladie, mais un symptôme.

C'est seulement dans les cas d'aménorrhée
par pléthore qu'il est utile de favoriser, par un
traitement approprié, la fluxion vers les organes
génitaux. Des fluxions, des hémorrhagies même,
se produisent en dehors de la sphère génitale.

3.

Les épistaxis, les hémoptysies sont fréquentes. Il suffit souvent, dans ces cas, de quelques bains chauds, de quelques sangsues appliquées au niveau de l'orifice vulvaire à l'époque où paraît se préparer la fluxion vers les organes génitaux, pour voir apparaître un flux menstruel régulier et abondant. Seulement, ces cas d'aménorrhée par pléthore sont fort rares, surtout dans les villes. Cette pléthore n'est souvent qu'apparente; de riches couleurs dissimulent parfois une véritable chlorose ; provoquer dans ces conditions une hémorrhagie menstruelle serait aggraver le mal. Les médecins ne l'ignorent pas ; ils savent bien que la *chlorose fleurie* (chlorosis florida) cède au même traitement que la chlorose aux *pâles couleurs*.

Il est une autre cause d'aménorrhée ou plutôt une autre espèce qui mérite un examen attentif, quoique tous les médecins ne s'accordent pas à lui donner ce nom.

Quelquefois les règles, après avoir régulièrement paru pendant un ou deux jours, s'arrêtent tout à coup. Ces interruptions ne sont point produites par les mêmes causes que l'aménorrhée véritable. Elles n'ont pas la même gravité; l'immersion des pieds ou des mains dans l'eau froide, la suppression d'un vêtement habituel, peuvent arrêter le flux menstruel. Quelques femmes mêmes ne craignent pas d'employer ces moyens pour abréger la durée de leur menstruation.

Des émotions pénibles ou agréables, des excès de table, une chute, un traumatisme quelconque, sont autant de causes que chacun connaît. Mais toutes les femmes ne présentent pas une égale susceptibilité; il faut faire une large part aux prédispositions individuelles, à l'*idiosyncrasie*.

Cet arrêt anormal du molimen hémorrhagique n'est pas toujours sans danger. Il serait trop long d'énumérer les mille accidents que l'on a rapportés à la suppression du flux menstruel. L'imagination de la femme est très-féconde; sur ce sujet elle s'est donné libre carrière. Convenons toutefois que ces craintes sont assez souvent justifiées, et que cette interruption brusque peut être l'origine de graves complications.

La métrite aiguë et la métro-péritonite ne sont pas très-rares dans ces circonstances. De violentes douleurs au niveau de la région lombo-rénale, des vomissements, de la céphalalgie et de la fièvre, tels sont les premiers symptômes;

puis le ventre devient si douloureux qu'il ne peut supporter les pressions les plus légères. Les souffrances sont souvent bien longues, la guérison lente et quelquefois fatale à la terminaison.

Les congestions du foie, de la rate, des reins, etc., sont beaucoup plus rares, et cèdent au traitement avec plus de rapidité.

On voit bien souvent l'hémorrhagie utérine, subitement interrompue, être remplacée par d'autres hémorrhagies du nez, des poumons, de la bouche, des oreilles. Une plaie incomplétement cicatrisée peut s'ouvrir de nouveau et devenir saignante. N'a-t-on pas vu la peau absolument saine devenir, au grand étonnement du vulgaire, le siége d'une transsudation sanguine ? De pareilles hémorrhagies prennent facilement un caractère inquiétant.

Ces écoulements sanguins qui remplacent la menstruation ne la suppléent point ; des troubles très-divers apparaissent malgré ces hémorrhagies supplémentaires. C'est une céphalalgie opiniâtre, une dyspepsie rebelle, ce sont des gastralgies, des névralgies, des vertiges, des changements profonds du caractère, des idées, changements qui méritent parfois le nom de délire maniaque.

Chez toutes les femmes qui ont leur menstruation anormalement supprimée, il existe un écoulement leucorrhéique plus ou moins abondant. Nous le signalons seulement maintenant, parce que, dans un chapitre à part, nous étudierons plus spécialement la *leucorrhée*, vulgairement connue sous le nom de *pertes blanches.*

Le traitement à suivre par la femme qui a vu subitement disparaître un flux menstruel, au moment où il s'écoulait, est indiqué par la logique et l'expérience. Il faut rappeler la fluxion vers les organes génitaux. On sait que l'économie est assez riche pour fournir le sang menstruel, puisque la fonction a été tout à coup troublée au moment où elle s'accomplissait régulièrement. On n'a qu'à choisir entre les innombrables moyens conseillés. Les pédiluves sinapisés, les bains de siége chauds, prolongés pendant 15 ou 20 minutes, les douches vaginales tièdes, les fumigations sont d'excellents moyens qu'il faut employer dès le début. L'application de trois ou quatre sangsues, soit sur les grandes lèvres, soit à la partie interne des cuisses, est un procédé encore plus certain. Les injections vaginales avec 50 grammes de lait mélangé de 10 gouttes d'ammoniaque ne réussissent pas moins bien. C'est ce dernier moyen que nous conseillerions de préférence.

Quant aux substances dites emménagogues, telles que la sabine, l'armoise, l'absinthe, le safran, la rue, l'aloës, le persil, etc., etc., elles ne doivent être employées qu'avec de très-grandes précautions; leur action est moins sûre et plus dangereuse.

S'il est indiqué, dans les premiers jours, de rappeler le flux menstruel subitement arrêté, cette indication n'est plus juste lorsque cet arrêt de la menstruation date déjà de quelque temps. Dans ce cas, il faut savoir attendre la prochaine époque menstruelle, et favoriser par les moyens énumérés plus haut la congestion utérine. A cette période, les médicaments et les moyens emménagogues agissent mieux et provoquent rarement des accidents sérieux. Cependant si les complications de l'aménorrhée sont trop graves, il faut y parer par les moyens appropriés.

Dysménorrhée. — On ne saurait dire qu'il y a dysménorrhée toutes les fois que la menstruation s'annonce par quelques symptômes douloureux. Quand la jeune fille est réglée pour la première fois, elle éprouve presque toujours une lassitude générale accompagnée de vagues frissons ; les membres sont lourds et lents à se mouvoir, les organes génitaux sont le siége d'une ardeur insolite ; dans l'abdomen elle éprouve et ressent une pesanteur douloureuse et même des coliques plus ou moins vives ; enfin les reins, les lombes et les cuisses font éprouver une douleur sourde. Ces accidents, fort légers en somme, manquent bien rarement ; plus tard même ils peuvent persister et reparaître à chaque époque menstruelle. Chez certaines femmes ils durent jusqu'à la première grossesse, chez d'autres toute la vie. Il est bien peu de femmes, voire les mieux portantes, qui n'éprouvent cette pesanteur pénible dans le bassin, cette irritabilité du caractère, cette susceptibilité nerveuse : ce sont là des symptômes si fréquents qu'ils sont presque physiologiques.

Mais quelquefois ces divers accidents sont assez graves pour inspirer des inquiétudes et nécessiter l'intervention du médecin. On dit alors qu'il y a *dysménorrhée.*

Ces accidents qui accompagnent la menstruation douloureuse sont très-variables. Chez quelques malades, ce sont les accidents nerveux qui dominent ; chez d'autres, ce sont des symptômes de congestion vers tel ou tel organe en dehors de la sphère génitale. On a donc distingué des dysménorrhées congestive et nerveuse ; et dans chacune d'elles il existe de nombreuses variétés moins importantes. Cette femme éprouve une dysurie très-pénible, si fatigante même que l'émission des urines est impossible pendant plusieurs heures. Cette autre ressentira des coliques extrêmement violentes qui rappellent les tranchées utérines de l'accouchement. Parfois les symptômes sont plus bénins en apparence, les coliques sont plus sourdes et s'accompagnent de ténesme anal qui pourrait faire croire à la dyssenterie, d'autant mieux qu'il coïncide quelquefois avec une diarrhée glaireuse ; parfois encore la femme est tourmentée par un prurit de la vulve si tenace et si intense qu'il est un véritable supplice. Ces divers symptômes existent rarement seuls, ils se combinent ensemble ou avec d'autres plus inquiétants. Toutes les fonctions peuvent être troublées, l'appétit est perverti, diminué ou aboli, le goût est émoussé, la soif vive, et cependant le pouls reste presque toujours calme, et la température n'augmente guère. Il y a de la céphalalgie, des vomissements bilieux ou simplement des nausées. Dans des cas p us rares, plus graves aussi, les accidents nerveux prennent un caractère menaçant : il y a des palpitations pouvant aller jusqu'à la syncope, des pertes de connaissance qui rappellent un peu l'hystérie et beaucoup l'épilepsie ; elles en diffèrent essentiellement cependant, car elles ne s'accompagnent ni de convulsions, ni d'écume sanglante sur les lèvres ; il y a plutôt de la sécheresse de la gorge, qui n'existe jamais dans les attaques d'épilepsie.

La dysménorrhée nerveuse se traduit de prime abord par tous les signes extérieurs de la souffrance : le regard est languissant, abattu; les yeux, cernés d'un cercle bleuâtre, sont enfoncés dans l'orbite ; la face est tantôt pâle ou colorée, suivant que les douleurs sont plus ou moins vives. La tristesse est profonde, les pleurs coulent pour le moindre motif. La femme est presque toujours irascible, d'une exigence extrême d'une susceptibilité ombrageuse, qui rend sa société fort désagréable. Tous les symptômes s'amendent ordinairement au moment où apparaît avec abondance l'écoulement sanguin. Il est mélangé d'une plus ou moins grande quantité de mucus ; quelquefois il renferme des caillots ou plutôt un caillot de forme triangulaire qui paraît moulé dans la cavité utérine ; d'autres fois on peut trouver, au milieu du flux sanguin, de fausses membranes qui ont une très-grande importance, comme nous le verrons plus loin.

Les causes de cette forme de dysménorrhée sont fort nombreuses. Les plus simples sont celles que l'on nomme mécaniques. Le sang ne peut pas s'écouler facilement de la cavité utérine, comme il peut arriver quand le col de l'utérus est partiellement oblitéré. Les cicatrices vicieuses, un rétrécissement congénital, une flexion de la matrice en avant ou en arrière, une antéversion, une rétroversion, des tumeurs, sont autant de causes qui peuvent rétrécir la cavité du col de la matrice et rendre ainsi l'écoulement sanguin difficile, la menstruation douloureuse. Le médecin doit toujours avoir présent à l'esprit que la dysménorrhée mécanique est fréquente, et la mère ne devra point s'étonner s'il demande pour préciser son diagnostic à faire, soit par le spéculum, soit par le toucher, un examen plus attentif. C'est dans ces cas de dysménorrhée mécanique que le sang menstruel renferme les caillots dont nous avons parlé : ils sont la véritable cause de la douleur, car les parois de la matrice ne peuvent les chasser de la cavité qu'après une série de contractions douloureuses.

Le traitement varie suivant chaque cas particulier ; il faut supprimer la cause, ce qui est toujours difficile et souvent impossible. Comment redresser l'utérus infléchi? Mille moyens ont été essayés, depuis les pessaires jusqu'au fer rouge, et toujours avec insuccès. On est plus heureux dans les simples déplacements ; alors les pessaires peuvent rendre de grands services. Quand le col est rétréci par des cicatrices, on a recours à des dilatations lentes ou rapides avec des dilatateurs métalliques, des éponges préparées, et même des instruments tranchants. S'il y avait oblitération par une tumeur, le chirurgien serait juge de l'opportunité de l'opération. Dans deux cas seulement, la guérison de la dysménorrhée mécanique est facile : c'est quand elle est produite par la rétention d'urine, ce qui est rare, ou la rétention des matières fécales, ce qui est plus fréquent. Des lavements, dans un cas, le cathétérisme dans l'autre, sont des moyens faciles et certains.

Il est une variété de dysménorrhée assez rare mais fort curieuse ; nous l'avons signalée déjà : elle est caractérisée par de fausses membranes que l'on trouve au milieu du sang menstruel. Comme ce dernier, elle a son origine dans la cavité utérine. La muqueuse de cette cavité s'exfolie et se détache, comme le fait la caduque après l'accouchement, c'est-à-dire au moment de la délivrance. Il y a donc à chaque menstruation deux phénomènes capitaux qu'on trouve dans l'accouchement. La chute de l'ovule hors de la cavité utérine correspond à l'expulsion de l'enfant, et l'issue des fausses membranes à la délivrance ; c'est donc à juste raison qu'on a pu dire que chaque menstruation est en réalité un petit accouchement. Dans la dysménorrhée membraneuse, c'est plus vrai encore, car il y a des douleurs très-vives, et parfois une hémorrhagie abondante.

Le diagnostic est facile à établir lorsqu'on a soin de chercher la fausse membrane au milieu du sang menstruel. Cette fausse membrane est ordinairement déchirée, déchiquetée ; mais, dans certains cas, elle conserve fort bien la forme de la cavité utérine. Ajoutons que la muqueuse du col ne participe pas à cette lésion ; on pouvait le prévoir, puisqu'elle ne concourt pas à la formation de la caduque pendant la grossesse. Mais ce n'est pas tout d'avoir établi le diagnostic, il faut guérir, et c'est là que la tâche devient difficile. Ce n'est pas qu'il n'existe de nombreuses médications ; elles sont même trop nombreuses. Il arrive ainsi de toutes les maladies où le traitement est impuissant. Dans ces cas, on a successivement préconisé les bains, les injections émollientes, les alcalins, l'hydrothérapie, etc. L'amélioration n'est jamais que temporaire, les douleurs reparaissent en même temps que les fausses membranes, et la guérison n'arrive jamais. Il faut le regretter d'autant plus que ces malades, malgré leurs douleurs, ne peuvent pas espérer une consolation dans la maternité; elles sont stériles, ou alors elles ne peuvent pas conduire leur grossesse à bon terme : elles avortent dès les premiers mois.

Peut-être serait-il utile de signaler ici, parmi les causes de la dysménorrhée, les inflammations aiguës ou chroniques de l'utérus et de ses annexes. Mais si la menstruation dans ces cas est caractérisée par des douleurs plus ou moins vives, elle s'accompagne presque toujours d'hémorrhagie très-abondante : nous le verrons plus loin.

En dehors des causes mécaniques que nous venons de signaler, la menstruation peut être très-douloureuse et se présenter avec le cortége de symptômes morbides énumérés plus haut. On peut le voir chez certaines jeunes filles atteintes d'anémie et douées d'un tempérament nerveux. Pendant les premières menstruations, cette variété de dysménorrhée est plus fréquente qu'à aucune autre période ; elle se rencontre cependant chez la femme après une ou plusieurs grossesses. Ce n'est pas dans les campagnes qu'il faut en aller chercher les exemples, mais dans les villes, chez ces femmes nerveuses et irritables. Presque toutes, avons-nous dit, présentent au moment de la période menstruelle une exacerbation de tous les symptômes nerveux ; ces troubles légers, en s'aggravant, constituent la dysménorrhée nerveuse proprement dite. Ici ce qui domine, c'est moins la douleur utérine que les accidents nerveux si divers : névralgies, gastralgies, syncopes, crises nerveuses, palpitations, etc. Ils ne disparaissent pas avec l'apparition des règles, comme nous l'avons vu pour les dysménorrhées mécaniques ; ils persistent durant toute la période des règles, et parfois encore quelques jours après. Ce sont ces femmes qui obéissent à leur matrice et font le désespoir de leur entourage.

La dysménorrhée pléthorique est rare. Son nom indique assez ou plutôt fait prévoir par quels accidents elle se manifeste. Les congestions diverses prédominent. Des hémorrhagies prennent naissance dans les poumons, les fosses nasales, l'intestin, l'estomac. Il est fréquent d'être témoin de congestions hépatiques, spléniques, rénales, etc. Ces dernières sont l'origine de ces hémorrhagies qui viennent colorer temporairement les urines. Nous avons déjà dit que tous les organes appartenant aux régions de l'économie peuvent être chez la femme l'origine, le siége d'hémorrhagies plus ou moins abondantes. Lorsque ces hémorrhagies existent en certaine quantité, elles sont un dérivatif de la congestion menstruelle qui peut alors diminuer ou faire complétement défaut. Quand il n'y a pas de flux sanguin vers d'autres organes, l'hémorrhagie sexuelle prend parfois une importance et des proportions effrayantes et constitue ce que l'on appelle la *ménorrhagie.*

Ce n'est pas à dire que la ménorrhagie soit toujours provoquée par la pléthore ; elle peut l'être aussi par l'anémie ou même par une lésion locale. Mais la dysménorrhée pléthorique peut, de son côté, ne pas être accompagnée de ménorrhagie : nous l'avons déjà vu.

Ces symptômes varient beaucoup suivant ces cas ; mais le traitement varie peu. Des saignées générales ou locales peuvent rendre quelques services ; mais il faut avant tout surveiller le régime. C'est dans ces cas qu'il faut éviter de donner des préparations ferrugineuses ; il faut éviter un régime trop nutritif, des aliments trop riches, et instituer un traitement légèrement débilitant, c'est-à-dire un traitement par les alcalins. L'eau de Vichy peut être employée aux repas. On emploiera avec succès les eaux de Vals, Saint-Alban. On ajoutera quelques bains alcalins. Les alcalins valent mieux que l'arsenic qui a été préconisé autrefois, mieux aussi que les tempérants que l'on emploie encore quelquefois. Les exercices un peu violents, la gymnastique, rendent dans ces cas de très-grands services ; ils pourraient suffire seuls au traitement et à la guérison. Si l'hémorrhagie des organes génitaux est trop abondante, il faudra employer quelques bains froids et surtout garder le repos durant la période menstruelle. Si l'hémorrhagie utérine n'est pas assez abondante et que la congestion s'accomplisse très-activement vers un autre organe, il ne faut pas craindre de rappeler le flux menstruel en employant les moyens que nous avons énumerés en parlant de l'aménorrhée.

La ménorrhagie a pour caractère essentiel un écoulement de sang trop abondant au moment de la période menstruelle. En dehors de l'époque des règles, l'hémorrhagie utérine porte le nom de métrorrhagie : ce n'est pas d'elle qu'il s'agit ici.

La ménorrhagie, nous l'avons dit, a son origine parfois dans l'état pléthorique ; mais il en est souvent autrement.

L'anémie peut en être la cause exceptionnelle : l'hémorrhagie trop abondante venant à chaque instant épuiser un organisme déjà débilité, on comprend combien est grave dans ces cas la ménorrhagie. Le traitement mérite la plus grande attention. Loin de débiliter la femme par les alcalins, il faut avoir recours aux toniques sous toutes les formes : viandes rôties et grillées, vins généreux, quinquina, préparations ferrugineuses ; ces dernières ne doivent être employées cependant qu'avec prudence, car elles peuvent produire des congestions trop actives vers les divers organes et aggraver la ménorrhagie loin de l'amender.

La ménorrhagie qui a pour cause une lésion locale offre des symptômes différents, suivant les causes diverses qui l'ont produite. Est-ce un corps fibreux ? on peut être sûr qu'elle persistera long-temps, mais ne provoquera pas de très-vives douleurs. Est-ce un polype ? les douleurs ne seront pas non plus très-vives ; mais on aura l'espoir d'exciser le polype et d'amener une guérison rapide, ce que l'on ne peut guère espérer en présence d'un corps fibreux, à part quelques exceptions. Le cancer s'annonce quelquefois longtemps à l'avance par des troubles de la menstruation que l'on doit décrire avec la ménorrhagie, mais qui ne tardent pas à se répéter en dehors de l'époque menstruelle. Il en est bien ainsi des corps et même des polypes qui peuvent provoquer aussi tôt ou tard de graves métrorrhagies. Dans certains cas de métrite avec ulcération du col de la matrice, les ménorrhagies ne sont pas rares et ne méritent aucun traitement particulier : il faut, comme toujours, garder le repos, éviter les excitants de quelque nature qu'ils soient, et surtout guérir l'inflammation de la matrice par les traitements que nous citerons plus tard. Nous verrons combien ce traitement est parfois long et difficile.

CHAPITRE V.

La *métrorrhagie* et surtout la *leucorrhée* sont des accidents, nous n'osons pas dire des maladies, très-fréquents pendant la vie sexuelle de la femme. Nous aurions pu les décrire à côté des troubles menstruels qu'ils accompagnent souvent ; mais ils peuvent exister seuls : on les voit aussi bien avant qu'après la grossesse. Les femmes qui vivent en dehors de l'état du mariage peuvent en être également atteintes. Encore une fois, ce sont des symptômes de maladies extrêmement différentes, et ils méritent d'être décrits avec soin.

La *métrorrhagie* est caractérisée par une hémorrhagie utérine survenant en dehors de l'époque menstruelle ; il n'y a pas de travail du côté de l'ovaire ; aucun ovule ne se détache ; tous les phénomènes sont localisés dans la matrice. Cette hémorrhagie peut d'ailleurs être plus ou moins abondante, s'accompagner ou non de symptômes douloureux. Le sang ne se distingue par aucun caractère particulier ; il est tantôt liquide et tantôt coagulé. Dans certains cas il coule à flots, et la mort peut être rapide. Dans d'autres, il coule goutte à goutte, comme le flux menstruel, pendant plusieurs jours. L'abondance de l'hémorrhagie, ses caractères, dépendent essentiellement de la cause qui l'a produite. Et ces causes sont nombreuses. Nous pouvons rappeler d'abord que toute cause qui peut produire la ménorrhagie, c'est-à-dire l'écoulement exagéré du flux menstruel, peut produire également la métrorrhagie. Ces deux variétés d'hémorrhagie utérine ont donc, dans la plupart des cas, la même étiologie; nous pourrions renvoyer de l'une à l'autre. Cependant nous devons rappeler les maladies qui se trahissent ordinairement par des hémorrhagies utérines.

Chez la jeune fille, on a signalé des métrorrhagies pouvant survenir pendant les premières années de l'enfance, avant qu'ait commencé la fonction de l'ovulation. De telles hémorrhagies sont rares, très-rares même ; mais nous devions les signaler. Elles ne présentent pas de gravité et font seulement prévoir une menstruation lative.

Après la menstruation, les métrorrhagies sont déjà plus fréquentes, quoique rares encore. C'est au point que chaque métrorrhagie doit faire penser d'abord à un avortement provoqué ou spontané. Des traumatismes sur la région de l'abdomen, des excès vénériens, peuvent produire des hémorrhagies de l'appareil sexuel; dans certains cas, l'abus des emménagogues pour rappeler la menstruation supprimée, et employés intempestivement, peuvent donner lieu à des métrorrhagies graves.

A un âge plus avancé, des ulcérations du col de la matrice, des métrites, et surtout des tumeurs polypeuses, sont quelquefois la cause de métrorrhagie comme de ménorrhagie. Mais à cet âge, les véritables causes, celles qui priment toutes les autres, sont les corps fibreux de la matrice et le cancer. C'est sur ces maladies que le médecin arrête tout d'abord son attention, heureux quand un examen plus attentif ne vient pas justifier ces prévisions. Les corps fibreux de l'utérus peuvent à tout âge se développer; mais ils sont surtout fréquents depuis l'âge de trente ans jusqu'à la ménopause : du moins, c'est à cet âge qu'ils s'accompagnent le plus souvent d'hémorrhagie utérine. Le cancer de la matrice survient, lui aussi, dans un âge avancé : il fait ses plus nombreuses victimes aux approches de la ménopause ; et il est rare de voir un cancer suivre son cours jusqu'à la fin, sans s'accompagner de métrorrhagies. Il ne faudrait pas croire cependant que toute métrorrhagie à cette époque ait toujours un pronostic aussi grave. Après la ménopause, quand l'ovulation a cessé, la fluxion s'opère encore vers les organes génitaux, et, de temps à autre, cette congestion sanguine peut être assez active pour produire des hémorrhagies. On comprend donc qu'il est important, pour établir un traitement, et surtout pour porter un pronostic sérieux, de chercher avant tout quelle est la véritable cause de la métrorrhagie. Considéré en lui-même, cet accident n'est pas souvent menaçant. Toutefois les malades atteintes de cancer meurent parfois d'hémorrhagie ; et même lorsqu'elles ne succombent pas à la métrorrhagie, elles n'en sont pas moins profondément affaiblies par ces pertes de sang constantes, lorsque la maladie a déjà débilité l'organisme. Dans les cas où l'hémorrhagie décèle la présence d'un corps fibreux, elle est souvent très-abondante et peut faire courir aux malades de graves dangers immédiats ; elles pourraient succomber si elles n'étaient immédiatement secourues.

Nous n'avons point parlé des hémorrhagies qui surviennent quelquefois pendant la grossesse, pendant et après l'accouchement ; nous aurons l'occasion d'y revenir dans la suite.

Le traitement de la métrorrhagie consiste avant tout à supprimer, ou à diminuer du moins, l'abondance de l'écoulement sanguin. N'envisageant ce traitement qu'au point de vue général, nous conseillerons le repos le plus absolu : le décubitus dorsal sur des matelas de crin, les injections vaginales d'eau froide additionnée ou non de substances astringentes, comme le perchlorure de fer, le tannin, etc., tels sont les moyens qui suffisent ordinairement dans les cas légers, surtout si l'on a soin de donner en même temps à l'intérieur des potions à la digitale ou au perchlorure de fer, ou mieux des toniques, des vins cordiaux ; ajoutons, en passant, que tous les aliments solides ou liquides doivent être froids. Dans les cas plus graves, il faut avoir recours au tamponnement que toutes les femmes devraient savoir pratiquer. Plus tard, nous indiquerons le procédé fort simple de pratiquer ce tamponnement quand nous parlerons des accidents de la grossesse, car à ce moment l'hémorrhagie demande peut-être un traitement plus rapide.

Dans toutes les métrorrhagies, le traitement le plus efficace est encore le traitement préventif : il faut supprimer la cause. Malheureusement cette indication est trop souvent difficile et impossible même à remplacer. Comment guérir un cancer qui a largement ulceré le col de l'utérus et les parois vaginales ? Comment enlever cette tumeur fibreuse encore enclavée dans la muqueuse ou le tissu musculaire de la matrice ? Le médecin désarmé attend avec douleur et se contente d'arrêter l'hémorrhagie quand elle devient dangereuse. En présence de polype, l'intervention chirurgicale est quelquefois couronnée de succès. C'est du reste l'homme de l'art qui est le meilleur juge; il suffit à la femme de se mettre en garde contre les premiers dangers.

La *leucorrhée* est caractérisée par l'écoulement vaginal d'un liquide muqueux ou mucopurulent qui tache le linge. Cet écoulement est connu de toutes les femmes : il n'en est peut-être pas dix sur cent qui en soient indemnes.

On le comprendra quand nous aurons énuméré

les mille causes qui peuvent provoquer ces écoulements vaginaux. Tantôt le pus, le muco-pus
qui s'écoule a son origine dans la muqueuse du
col ou du corps de l'utérus, et alors on peut affirmer que l'on est en présence d'une inflammation
de la matrice; l'aspect seul de l'écoulement dé-
cèlera la véritable source : est-il muqueux, glai-
reux, il vient du col; est-il, au contraire, puru-
lent, il vient du corps de l'utérus, c'est-à-dire de
la muqueuse qui tapisse sa cavité. Tantôt l'écou·
lement est produit par la muqueuse vaginale ;
l'utérus est intact. Parmi ces écoulements de
source vaginale, il faut établir de nombreuses
distinctions. Ils peuvent être virulents et contagieux : c'est la *blennorrhagie;* ou bien ils ne sont
ni virulents ni contagieux et constituent ce qu'on
appelle la *leucorrhée* proprement dite (fleurs
blanches).

Tous les âges ne sont pas sujets également à
ces diverses espèces d'écoulements. Nous voulons insister sur ce point. Chez la jeune enfant,
ils ne sont pas très-rares; ils existent même parfois dès la naissance; ce qui n'est pas surprenant
alors qu'on songe avec quelle facilité les mu-
queuses, à cet âge, s'enflamment et suppurent.
Des habitudes dangereuses, des attouchements

lascifs peuvent en être la cause. Que les mères ne s'indignent point si nous osons prétendre que ces vices sont beaucoup plus fréquents qu'on ne le suppose généralement. Ces habitudes règnent parmi les jeunes enfants les plus timides, les plus modestes en apparence, les mieux élevées. Dans les hôpitaux d'enfants, nous avons pu facilement nous convaincre de la gravité et de la fréquence de ces habitudes. Après avoir interrogé quelques directrices de pensions de jeunes filles, nous avons cru que le vice n'était répandu que parmi les classes inférieures ; mais les directrices ne savent point voir ou mieux ne veulent rien dire. Pour nous, qui n'avons pas les mêmes scrupules à dissimuler la vérité, nous pouvons affirmer qu'après avoir reçu des jeunes coupables bien des confidences et bien des aveux, ces habitudes funestes sont répandues partout, même chez de très-jeunes enfants : aussi ne saurions-nous assez recommander aux mères de toujours craindre et de surveiller avec soin leurs enfants.

Il ne faudrait pas cependant accuser toute jeune fille, toute enfant qui présente des écoulements vaginaux. Le froid, surtout le froid humide, peut fort bien en être la cause. Parfois des oxyures vermiculaires égarés ont pu quitter leur demeure habituelle et pénétrer dans le vagin, où ils produisent une irritation chronique qui entretient l'écoulement et peut être la première origine de ces habitudes dont nous avons parlé plus haut. Quelquefois ces écoulements peuvent être contagieux : leur nature est blennorrhagique. Les enfants ont été victimes d'attentats aussi ignobles qu'impardonnables.

A un âge plus avancé, aux approches de la puberté, les jeunes filles chlorotiques, débiles, chez lesquelles la menstruation ne s'établit qu'avec une extrême difficulté, la leucorrhée est très-fréquente. La vie sexuelle est plus active, les organes génitaux reçoivent plus de sang et sont le siége d'une irritation chronique qui ne peut, il est vrai, produire l'hémorrhagie, mais se traduit par un écoulement muco-purulent. Cet écoulement est blanc laiteux, quelquefois odorant, et ne s'accompagne jamais de douleurs ; ce n'est qu'un symptôme bien secondaire de l'altération de la crase sanguine et de l'affaiblissement de l'organisme. On a prétendu que cet écoulement était produit par la présence d'animaux microscopiques, *trichomonas vaginalis* : on rencontre, en effet, ces microzoaires dans le muco-pus leucorrhéique ; mais on ne saurait prétendre pour cela qu'ils sont la cause de la leucorrhée. L'écoulement leucorrhéique peut persister et aussi apparaître après l'établissement de la menstruation. Il revêt la même forme, reconnaît les mêmes causes générales. Il est aussi important de savoir distinguer cet écoulement leucorrhéique de l'écoulement blennorrhagique, ce qui n'est pas toujours extrèmement facile.

La *blennorrhagie* ne survient jamais qu'après des rapports sexuels ; après une incubation de quelques jours se fait sentir un prurit pénible, une ardeur spéciale et des douleurs plus ou moins vives dans la miction. L'urèthre est presque toujours envahi : une exploration un peu attentive permet de le constater facilement ; inutile est-elle dans le cas où la douleur provoquée par l'émission des urines est très-vive. Cet écoulement est épais, très-jaunâtre ; les taches faites sur le linge sont foncées et jaunes. Là encore, certains médecins ont cru reconnaître comme constante la présence d'un parasite d'origine végétale qui se développerait entre les cellules épithéliales. Pour ces auteurs, ce parasite serait la cause de la maladie, comme l'oïdium albicans est la cause du muguet ; mais ces faits sont loin d'être positivement démontrés.

Quand l'écoulement siége sur la muqueuse utérine, soit sur celle du col, soit sur celle du corps, le traitement consiste surtout à guérir, par des cautérisations fréquentes, l'inflammation; car avec elle disparaîtra l'écoulement leucorrhéique : le traitement est d'ailleurs fort variable suivant la forme qu'a revêtue l'inflammation. Si le catarrhe utérin est simple, ne s'accompagne ni d'ulcération ni d'hypertrophie du col, la cautérisation avec un crayon de nitrate d'argent mitigé ou non suffit à amener rapidement la guérison ; mais il faut que les cautérisations soient répétées et pratiquées avec grand soin, c'est-à-dire qu'il faut introduire le crayon jusque dans la cavité de l'utérus et ne pas craindre de le laisser là quelques instants : on n'a jamais à craindre des cautérisations trop profondes. Ce traitement n'est pas du reste fort douloureux ; les malades n'éprouvent souvent aucune sensation pénible. Quand le catarrhe de la matrice est surtout localisé au col, le traitement ne diffère pas, et son application est encore plus facile. Mais le catarrhe du col s'accompagne presque toujours d'ulcération du museau de tanche, ce qui rend le traitement plus long et moins certain. Les cautérisations au nitrate ne sont pas suffisamment profondes, il faut employer des caustiques plus énergiques, tels que le perchlorure de fer, le nitrate d'acide de mercure et même le fer rouge. Ce traitement est surtout nécessaire quand le col de la matrice est hypertrophié, ce qui est fréquent.

Quand la leucorrhée a une origine vaginale, une médication aussi énergique serait périlleuse. Elle serait douloureuse aussi, car autant le col est insensible, autant est sensible la muqueuse du vagin. Des injections astringentes suffisent ordinairement : les plus employées sont les injections au tannin, au nitrate d'argent, au sulfate de zinc, etc. On peut d'ailleurs augmenter ou diminuer les doses. Il est utile, indispensable même d'employer, en même temps que le traitement local, un traitement général : nous avons vu, en effet, que la leucorrhée dépendait plus encore de la maladie générale que de l'inflammation locale. Comme la chlorose, l'anémie sont les causes les plus communes, le fer, le quinquina et les toniques sont naturellement indiqués. Nous avons antérieurement donné sur ce sujet quelques détails.

La leucorrhée des petites filles disparaît bien

vite sous la seule influence de lotions émollientes, des soins de propreté. Négliger cette affection parce qu'elle est bénigne serait imprudent ;
elle peut provoquer les habitudes pernicieuses
que nous avons signalées comme si fréquentes.

Est-ce bien la place ici de parler du traitement des écoulements virulents, de la blennorrhagie? Assurément non ; nous en dirons pourtant quelques mots. Le traitement local est
préférable à tout autre. Le copahu, le cubèbe et
les balsamiques, en général, ne réussissent que
dans les cas où l'urèthre et la vessie ont été enva-
his par l'inflammation. Les urines chargées des
principes médicamenteux agissent topiquement.
Elles ne sauraient donc agir sur la muqueuse
vaginale. Mais si l'on fait, comme le docteur
Ricord l'a conseillé, des injections dans le vagin
avec ces mêmes urines au moment de leur émission, on peut en obtenir de sérieux avantages.
Quand ce traitement n'est pas possible, on a recours aux astringents que nous avons énumérés.
Ils sont indispensables, quand la blennorrhagie
a passé à la chronicité caractérisée par l'absence
de toute douleur, la nature de l'écoulement
moins jaunâtre, et surtout par la présence des
granulations nombreuses qui hérissent sa surface.

A cet état, l'écoulement n'est pas toujours contagieux : dans tous les cas, il l'est beaucoup moins
qu'à la période aiguë. Le pus de cette dernière
est tellement contagieux, qu'appliqué sur la con-
jonctive notamment, il peut produire une inflammation assez vive, tellement grave que la fonte
du globe oculaire est à craindre. Cet accident
n'est pas très-rare dans certaines classes de la
société, où l'on ne craint pas de laver les yeux
malades avec les urines, considérées bien à tort
assurément comme une panacée universelle.

Nous avons passé sous silence les écoulements
provoqués par certaines maladies de l'utérus ou
du vagin, comme le cancer, les ulcérations fistu-
leuses, etc. Ces écoulements, en effet, ont des
caractères particuliers qui les distinguent facilement. Sont-ils provoqués par le cancer, par
exemple, ils sont sanguinolents et répandent
surtout une odeur nauséabonde ; en outre, ils
renferment des débris organiques détachés des
surfaces ulcérées.

Nous n'avons pas parlé non plus des écoulements qui surviennent pendant l'état puerpéral ;
ils feront le sujet d'un chapitre à part, quand
nous traiterons des accidents qui suivent ou
accompagnent la grossesse.

CHAPITRE VI

Du mariage.

Parvenue à l'apogée de son développement, la femme a le devoir de donner le jour à des enfants qui perpétueront sa race. Elle ne fait ainsi qu'obéir à cette grande loi de la nature qui dirige le règne végétal comme le règne animal, et veille avec un égal soin à la conservation de l'individu ou de l'espèce.

La femme comme l'homme est un être incomplet; chaque sexe a des qualités, des défauts qui se complètent ou se corrigent par les qualités ou les défauts de l'autre. Ils ont besoin de se prêter un mutuel appui pour parcourir le chemin de la vie. Dans nos sociétés modernes, la femme, plus faible, est éloignée par son organisation des travaux trop pénibles, a, plus que l'homme peut-être, besoin d'associer son existence à celle d'un être qui puisse la diriger et la protéger. Assurément, cette grande voix de la nature parle plus haut à son cœur. Elle a besoin d'aimer ; elle aime toujours, sinon dans le présent, au moins dans le passé ou l'avenir ; elle aime en regret ou en espérance, quand ce n'est pas en réalité.

Jeune fille, le mariage est son but, c'est le mobile de tous ses actes ; elle attend toujours, comme une nouvelle Andromède, son libérateur. Ses instincts parlent même longtemps avant son cœur. Avec sa poupée, elle joue déjà son rôle de petite mère, elle lui prodigue les soins qu'elle prodiguera plus tard à ses enfants. Elle ne sera vraiment heureuse qu'au sein de cette famille qu'elle aura créée et qu'elle gouvernera. Comparez cette noble mère s'oubliant elle-même pour ses enfants, vivant pour eux seuls, assez payée de tous ses sacrifices par un peu d'amour ; comparez-la à cette vieille fille qui a résisté aux aspirations de son cœur et étouffé la voix de la nature : elle n'aime qu'elle, elle n'a d'autre but qu'elle-même. Ses goûts, son caractère lui sont propres ; ils sont presque toujours insupportables. Cette femme est aussi triste et pénible pour elle-même que pour ceux de son entourage. Elle n'a pas accompli sa tâche ; dans son isolement, elle trouve son juste châtiment. Il faut le dire à l'éloge de notre sexe, ce n'est pas ordinairement la femme qui recule devant la tâche de la maternité ; l'homme hésite davantage avant de fonder une famille et de s'imposer un surcroît de travail. Et cependant le mariage l'ennoblit, lui donne dans la société un prestige tout spécial, lui imprime un caractère qui impose le respect. Que l'on ne croie pas que les nouveaux soucis de la famille, les mille inquiétudes de l'avenir soient pour sa santé l'origine de souffrances nouvelles et abrégent la durée de son existence. L'homme, comme la femme du reste, vit plus longtemps dans le mariage que dans le célibat. Les statistiques sont là pour le prouver. Casper, entre autres, a montré que, pour cent individus, il meurt relativement plus de célibataires, hommes ou femmes, dans un âge peu avancé ; il a montré aussi qu'ils paraissent atteindre une vieillesse moins avancée. Cependant ces chiffres ne nous ont pas tout à fait convaincue, et nous n'oserions en tirer des conclusions aussi affirmatives. Qu'il meure plus de célibataires dans la période de vingt à trente et même quarante ans, nul ne saurait le nier ; mais il faut en chercher la cause, à notre avis, moins dans les habitudes différentes que dans une santé plus débile ; peut-être cette santé chancelante est la cause principale qui a éloigné l'homme ou la femme du mariage. Il n'y a dès lors rien de surprenant qu'ils atteignent en moyenne un âge moins avancé. Pour nous, nous admettons difficilement que la grossesse, l'accouchement ne fassent pas courir à la femme de graves dangers. De telles craintes n'ont jamais éloigné la femme de la maternité, tant est puissante cette force que la nature lui impose d'aimer et créer.

Le mariage, avec ses rites et ses coutumes divers, a toujours été considéré par tous les peuples comme l'état où doivent tendre l'homme et la femme ; les exceptions sont peu nombreuses : aussi pouvons-nous dire que partout le mariage a été en honneur. Dans les sociétés anciennes, la décadence fut rapide quand l'homme dédaigna la femme. Il suffit de jeter un coup d'œil sur les mœurs romaines à l'époque des Césars, pour comprendre à quel degré d'abaissement étaient tombés ces vieux Romains dégénérés, qui ne se décidaient à subir le joug du mariage que pour avoir droit de recueillir un héritage. Car dès le règne d'Auguste il avait fallu édicter des lois qui remplaçaient l'attrait du sexe par l'appât de l'or. On se maria, mais on n'eut pas d'enfants, par conséquent pas de famille. D'autres lois devinrent nécessaires pour obliger les époux à faire des enfants ; elles ne firent qu'encourager l'adultère. Comment pouvaient-ils se défendre contre ces Germains aux mœurs pures et austères, qui marchaient au combat pouvant entendre les cris des femmes et les vagissements des enfants ? C'était, comme le dit Tacite, l'aiguillon de leur courage ; ils combattaient pour leur famille et montraient avec fierté leurs blessures. Chez eux, le célibat était une honte. Si la fidélité de la femme était un devoir auquel elle ne manquait jamais, la virginité perpétuelle était ignominieuse.

Dans toutes les sociétés pourtant, les femmes qui se consacraient à la Divinité devaient presque toujours rester vierges. Les Gaulois ont eu leurs Druidesses, les Hébreux leurs Prophétesses, les Romains leurs Vestales ; les Egyptiens eux-mêmes confiaient à des Vierges le soin des salamandres, elles devaient garder pour les dieux leur chasteté qui devenait souvent, dit-on, la part des demi-dieux. A part ces exceptions, chez tous ces peuples on ne comprenait pas l'homme sans la femme. Les Romains, avons-nous dit, enle-

5.

vaient aux célibataires le droit d'héritage, les Spartiates les faisaient fouetter par les femmes en place publique.

Dans les sociétés actuelles, le mariage est considéré par quelques-uns comme un mal, ou plutôt la virginité, le célibat est considéré comme un bien, comme un état de perfection ; aussi il ne faut pas s'étonner si les mariages sont moins nombreux et l'accroissement de la population beaucoup plus lent ; puisque le célibat est un bien, pourquoi s'imposer des devoirs et des charges nouvelles ? pourquoi créer ? Mieux vaut vivre une vie égoïste, sans nul souci de perpétuer sa race. Non, quiconque est capable de fonder une famille, de donner le jour à des enfants bien portants, de les élever, celui-là est coupable envers la société, il vit et ne crée point, il n'accomplit que la moitié de sa tâche. Il est sans doute de grandes exceptions ; au créateur de la pensée, au grand génie, au savant, il faut laisser toute son activité, toute sa puissance pour produire les œuvres qui perpétuent son souvenir aussi bien qu'une génération engendrée par lui. Aux infirmes du corps et de l'esprit, il faut permettre, ordonner même le célibat ; alors il est un devoir : on le comprendra bien mieux quand nous aurons parlé de la loi de l'hérédité.

Ainsi la jeune fille doit obéir aux aspirations de son cœur; elle a besoin de guide et d'appui, elle a besoin d'aimer et de se dévouer, il lui faut donc des enfants pour consoler sa vieillesse, elle ne sera vraiment heureuse qu'épouse et mère. Elle doit se marier pour la société qui a besoin d'hommes, pour la patrie qui a besoin de citoyens. Si elle comprend ses devoirs, elle saura faire de ses enfants des hommes honnêtes, instruits et courageux.

Le mariage est donc un acte sacré qui mérite le plus grand respect et qui, à toutes les époques, a été réglé par de sages lois, toujours en rapport avec l'idée plus ou moins noble que les peuples se sont faite de la femme, ou l'influence qu'elle a su exercer sur l'homme.

Celui-ci possédant la force physique a pu imposer, et a imposé, en effet, son autorité dans les sociétés primitives. La polygamie a régné au début des sociétés anciennes; elle a disparu peu à peu, à mesure que la femme s'est ennoblie aux yeux de l'homme. En regardant en arrière, la femme doit être fière du progrès accompli: esclave alors, la voilà toute-puissante, et peut-être un jour le sera-t-elle plus encore. Achetée ou vendue, elle partageait la couche de son maître, heureuse quand il daignait la distinguer parmi ses compagnes esclaves, épouses comme elle. Il en était ainsi chez les peuples qui nous ont laissé des monuments incontestables d'une civilisation relativement avancée. Chez les Hébreux, par exemple, la femme était esclave comme ailleurs; on ne saurait le nier. Jacob épouse les deux sœurs, Lia et Rachel. Abraham conserve à la fois la maîtresse et l'esclave; Agar ne s'enfuit au désert avec son fils que quand la vraie femme est devenue féconde. Le mariage, du reste, s'accomplissait alors suivant les rites les plus simples. Booz permet à Ruth de s'approcher de lui, comme une esclave elle se jette à ses pieds; ses droits n'ont pas grandi après avoir partagé la couche de son maître; quand elle va puiser l'eau à la fontaine, les autres esclaves ne daignent pas s'incliner devant elle. Peu à peu les mœurs s'épurent, la femme grandit et se fait une plus large place au foyer; bien plus, cette place elle la veut pour elle seule, il ne lui faut plus de rivale; la polygamie tend à disparaître. Son prestige augmente, elle est admise aux honneurs; la prophétesse Débora ne fut-elle pas juge d'Israël?

En Grèce, il en fut ainsi : le rôle de la femme

se transforma et grandit de jour en jour. Quelle différence entre cette Briseis, fille du grand-prêtre, que son père livre à la passion d'Achille pour apaiser sa colère, et ces femmes d'Athènes ou de Sparte aux jours de la splendeur ! Et pourtant la femme n'arriva jamais à conquérir cette influence qu'elle obtint, soit chez les Romains, soit dans nos sociétés. Nous parlons de l'épouse et de la mère qui, chez les Athéniens, ne sortaient guère du sanctuaire de la famille, ne cultivaient ni les sciences ni les arts, et passaient leur vie dans les soins du ménage et l'éducation de leurs enfants. Elles trouvaient dans leur conscience, dans la satisfaction du devoir accompli, la récompense de leurs vertus domestiques. L'homme abandonnait le foyer pour la place publique, il allait chercher dans le boudoir des courtisanes les grâces et les talents qu'il ne trouvait point dans la famille. C'était l'époque où Aspasie réunissait autour d'elle orateurs, poëtes, philosophes, tout ce que la Grèce produisait de génies ; où Phryné avait une statue d'or dans le temple de Delphes, à côté de celles des rois. Ce sont ces courtisanes brillantes comme elles ne le furent jamais, qui diminuèrent et amoindrirent l'influence de l'épouse.

Chez les Romains, l'homme avait, au début,

droit de vie et de mort sur sa femme ; mais ces
lois barbares ne furent jamais appliquées. Par
ses vertus, la femme mérita bientôt d'être considérée, sinon comme l'égale, au moins comme
la compagne de l'homme. Elle était digne de
lui. Comment n'auraient-ils pas admiré cette
Véturie qui seule peut fléchir la colère de son
fils Coriolan, et ces dames romaines qui se dé-
pouillent de leurs bijoux pour les jeter dans la
balance où le Brenn Gaulois a placé sa lourde
épée ? Alors la femme était grande, elle devait
donner le jour à des citoyens grands et patriotes
comme elle. Plus tard, elle n'est pas moins admirable. Elle est vraiment belle cette mère des
Gracques qui regarde avec dédain les joyaux
qu'une dame romaine étale à ses yeux et répond
en lui montrant ses enfants : « Voilà mes trésors à
moi ! » Digne mère, bien digne d'être la mère de
ces deux héros. A chaque page de l'histoire de
la République romaine, on lit des actes de grandeur et de dévouement accomplis par les femmes.
Chez le Romain, l'amour de la patrie étouffait un
peu l'amour de la famille ; il aimait trop les luttes
du Forum pour goûter les douceurs du foyer. La
femme, pour être libre et indépendante, n'avait
pas d'autorité ; à peine possédait-elle le cœur de

son mari. Son rôle était de faire des enfants.
On est tout surpris en voyant Cicéron, par exemple, céder volontiers sa femme à son ami pour lui faire de beaux enfants ; et pourtant le grand orateur aimait Tullia. A une époque plus avancée, sous l'Empire, la femme ne conserva point sa dignité ; au milieu de la décadence générale, elle n'occupe qu'une bien faible place dans le cœur de l'homme. C'est l'heure où l'homme s'écriait : « Ah ! si l'on pouvait sans la femme avoir des enfants ! » Jamais, il faut le reconnaître, la femme ne descendit si bas. A quel autre âge vit-on jamais la prostitution si près du trône s'étaler avec moins de pudeur ? Julie, la fille même d'Auguste, était par son père exilée pour ses honteux désordres, et son exemple était suivi par les grandes dames romaines. Une patricienne inscrivait son nom sur le registre des prostituées, et son mari était indifférent à tant d'ignominie. Des croyances plus élevées, une morale plus pure, vinrent heureusement mettre un frein à ces désordres. Le christianisme lui donna une nouvelle grandeur et un nouvel éclat. La femme n'est plus la complice de l'homme et des dieux comme dans la mythologie païenne ; ce n'est même plus Ève la tentatrice comme dans les

croyances judaïques : c'est Marie venant aider l'homme à réparer sa faute.

Chez les peuples sauvages encore, le rôle de la femme n'est pas partout identique ; mais partout la femme est sous la dépendance de l'homme, qui exerce son autorité tantôt avec amour et bienveillance, tantôt avec dureté et presque avec cruauté. Ces mœurs rappellent parfois les mœurs des vieux Germains dont parle Tacite. Ils aimaient leurs femmes, n'avaient presque toujours qu'une seule épouse, bien que la polygamie fût permise ; ils se sacrifiaient volontiers pour elles, et celles-ci savaient préférer la mort à l'esclavage ; elles aimaient à partager les dangers de la guerre, elles osaient autant que leurs maris et les suivaient partout. A Verceil, après la défaite des Cimbres, les femmes n'ayant pu obtenir de Marius d'être attachées comme esclaves aux Vestales, pour échapper à la brutalité des soldats, elles s'entr'égorgeaient après avoir immolé leurs enfants ; quelques-unes se pendirent avec leurs propres cheveux. Elles étaient chastes ; la peine de l'adultère était sévère et infligée par le mari outragé. Les cheveux coupés, nue, la coupable était chassée de la maison en présence des proches et conduite à travers les bourgades à coups de fouet. On ne pardonnait ni à la beauté, ni à la jeunesse, ni à la fortune : après la faute il n'y avait plus d'époux pour la femme adultère. Dans certaines cités, la fidélité de l'épouse s'étendait au delà de la tombe : les vierges seules pouvaient se marier : les femmes ne se mariaient qu'une fois, le veuvage pour elles durait jusqu'à la mort. Partout la jeune fille est livrée à un mari qui lui est souvent destiné dès l'enfance. Ainsi chez les sauvages de la baie d'Hudson, le père ne consulte point sa fille, elle obéit à l'homme qui lui est désigné. Chez certains peuples, les parents fiancent leurs enfants dès le berceau, et de telles promesses sont rarement violées. En Chine, comme autrefois en Egypte, les parents décident le mariage et les époux ne se voient qu'après avoir accompli la cérémonie nuptiale. Comme on le voit, la liberté individuelle est loin d'être toujours respectée. Chez les Hottentots, l'époux partage sa couche pendant une nuit entière : si la femme résiste, elle conserve sa liberté. Chez les Lapons, le jeune homme apporte des présents que la jeune fille accepte ou refuse, suivant sa volonté de garder ou non sa liberté. Cette coutume existe chez un très-grand nombre de peuples, elle est même passée dans nos mœurs. Ici elle reçoit un anneau, là une pièce d'or, des fruits ou encore un flambeau qu'elle allume ou éteint, suivant qu'elle agrée ou non celui qui le présente. En Suisse, dans quelques villages du canton de Berne, un vieil usage persiste encore qui permet au fiancé de partager chastement le lit de la jeune fille longtemps avant les noces. C'est ce qu'on appelle les *nuits probatoires*.

Dans notre société moderne, la femme est presque toujours soumise au mari. La loi accorde à l'homme de nombreux priviléges. Mais du moins la femme s'engage librement ; son consentement formel est nécessaire, et cette liberté est en France, du moins, sérieusement garantie. Les mœurs ont tempéré l'autorité maritale ; la femme outragée peut se placer sous la protection des lois, se soustraire à un pouvoir trop tyrannique. La femme peut donc être fière du progrès accompli. A mesure que la civilisation avance, son influence grandit, et tout fait prévoir qu'un jour viendra où la femme sera dans la société la compagne, l'amie de l'homme et son égale. Nous ne voulons pas dire qu'elle doive jouer le même rôle que l'homme ; son organisation est trop différente ; mais elle doit dans sa sphère accomplir librement son œuvre et garder devant la loi toute son indépendance. Il reste encore un long chemin à parcourir; si la femme veut arriver rapidement au but, il faut qu'elle comprenne mieux ses devoirs, qu'elle se prépare par le travail à les mieux remplir. Comment, ignorante et occupée à des futilités, peutelle espérer marcher dignement à côté de l'homme qui sait et étudie encore, qui travaille toujours ?

CHAPITRE VII

Qualités nécessaires à la jeune fille pour se marier.

Le mariage est le début de la vie sérieuse et réelle pour la jeune fille, c'est le premier pas dans le chemin de la maternité. Il impose de nouveaux devoirs. Il ne faut jamais, sans de mûres réflexions, sans une longue préparation, accomplir cet acte qui doit décider du bonheur ou du malheur de la vie. Trop jeune, en général, la jeune fille a besoin des conseils que peut seule donner une mère affectueuse.

Il est nécessaire, avant tout, de bien comprendre quel est le but du mariage, si l'on veut sainement apprécier les qualités nécessaires à la jeune fille qui va contracter des engagements indissolubles.

Le mariage a une double fin : c'est l'union de deux individus et l'union de deux sexes. De ces deux fins, laquelle prime l'autre? La femme se marie-t-elle pour être épouse ou pour être mère? Toute jeune fille caresse ces deux rêves assurément; mais à notre avis, elle attend avec plus d'impatience l'heure où elle pourra embrasser son enfant et lui prodiguer ses soins. Beaucoup même, dans leur naïve innocence, pensent à l'enfant sans songer à l'époux. Pour l'homme, il n'en est pas ainsi : il cherche, avant tout, une compagne ; l'enfant est secondaire, il l'attend sans impatience. Peu importe d'ailleurs ; la femme qui se marie doit avoir toutes les qualités physiques, intellectuelles et morales pour être bonne épouse et bonne mère.

Qualités morales ou intellectuelles, quelque indispensables qu'elles soient, ne nous arrêteront pas longtemps. Elles intéressent la mère, cependant, qui doit connaître tout ce qui importe à son enfant et doit lui enseigner, lui donner une éducation en rapport avec le rôle qu'elle doit remplir. A notre époque, comme autrefois, l'éducation de la femme est bien loin d'atteindre l'idéal que nous rêvons. La femme, encore aujourd'hui, est obligée de revendiquer le droit de s'instruire. Il nous souvient encore des récriminations amères, des railleries qui accueillirent les modifications qu'un ministre essaya d'introduire dans l'enseignement des jeunes filles. La femme doit être instruite si elle veut donner à ses enfants une éducation convenable ; elle doit être instruite surtout si elle veut être vraiment l'amie, la compagne de son mari. Comment pourra-t-elle le retenir au foyer si elle ne partage point ses travaux, si elle n'élève pas son intelligence à la hauteur de la sienne ? N'ira-t-il pas chercher ailleurs cette compagne de l'intelligence qu'il ne trouve pas dans sa propre femme ? On comprend bien pourquoi les Athéniens quittaient pour une courtisane lettrée une épouse vertueuse, mais ignorante. N'en est-il pas ainsi quelquefois de nos jours ? Nous verrons, en parlant de l'hérédité, comment la femme peut transmettre à ses enfants une partie de cette intelligence qu'elle aura agrandie et enrichie par son travail. L'homme devrait le comprendre du moins, il lui importe d'avoir des enfants dignes de lui ; il devrait, en lisant l'histoire, se convaincre que les grands cœurs et les vastes intelligences sont toujours engendrés ou élevés par des femmes supérieures. Que craignent-ils ? Ont-ils frayeur de trouver dans la femme instruite une épouse prétentieuse ? La

femme instruite aime sans doute à étaler cette
supériorité qu'elle a acquise au prix de beaucoup
de tenacité et de travail; mais cette coquetterie
n'est-elle pas aussi noble que toute autre? Quand
la science et les arts ne seront plus l'apanage
de quelques-unes, quand l'éducation sera vraiment complète, la modestie sera pour la femme,
comme pour l'homme, le caractère du vrai mérite. Redoutent-ils une épouse insoumise dans
cette femme fière de son intelligence? Celle-là
saura mieux qu'aucune autre apprécier la supériorité de l'homme et courber la tête devant son
mérite s'il excelle par son intelligence. Sinon,
est-ce donc un grand malheur que la femme
dirige et commande? Il est juste que l'autorité
appartienne à qui sait mieux l'exercer. Mais
dans le mariage, comme nous le comprenons,
la femme et l'homme s'aiment, ils ne comman-
dent ni n'obéissent. On croit que la science
éloigne la femme des occupations propres à son
sexe; c'est une erreur encore; il serait facile de
citer de nombreux exemples: on verrait des femmes instruites, dont les talents n'ont point dessé-
ché le cœur, qui passent leur vie dans les soins
du ménage et l'éducation de leurs enfants; d'autres, moins heureuses, qui partagent leur temps

entre les travaux domestiques et l'étude d'une science, la pratique d'un art qui leur permet de suffire aux besoins de leur famille. Que la mère sache donc donner à sa fille une éducation solide, complète ; qu'elle ne craigne pas d'en faire une mauvaise épouse, une mère indigne : c'est le moyen le plus sûr de la faire aimer de son mari, de lui faire goûter le foyer et de la préserver enfin de ces futilités, de cette coquetterie ridicule qui font le déshonneur de notre sexe et la ruine de bien des familles.

Ce n'est pas assez que la femme soit instruite, il faut qu'elle connaisse un peu les choses de la vie, qu'elle soit capable de comprendre que le mariage n'est pas pour elle une terre promise. Trop de jeunes filles appellent le mariage de tous leurs vœux comme l'heure de la liberté. Elles ne savent pas qu'elles seront plus que jamais esclaves de leurs devoirs si elles veulent remplir dignement leur rôle. Que d'amères déceptions peut épargner la mère à ces jeunes imprudentes qui ne voient l'avenir qu'à travers le prisme de leurs illusions !

Mais à quoi bon insister encore sur ces considérations qui ne touchent pas directement à notre sujet ? Nous voulons surtout examiner quelles sont les qualités physiques que doit nécessairement posséder une jeune fille pour se marier. Il faut qu'elle soit capable de supporter sans trop de danger les fatigues de la maternité, qu'elle puisse non-seulement devenir mère, mais donner le jour à des enfants sains et vigoureux.

Si la femme arrive à la puberté à l'âge de 13 ou 14 ans; si elle peut, dès cette époque, produire des ovules capables d'être fécondés, il ne faudrait pas en conclure que la femme est capable dès lors de devenir mère. Sans doute, on a vu des jeunes filles de 12 ans donner le jour à des enfants bien conformés : ce sont des exceptions. Les grossesses à 12, 13 ans sont rares et sont funestes autant pour la mère que pour l'enfant. Les législateurs l'ont compris; chez presque tous les peuples ils ont assigné une limite très-variable du reste. Les lois romaines ne permettaient pas le mariage avant l'âge de 13 ans pour la femme, de 15 ans pour l'homme. Les lois de Sparte avaient fixé 17 ans pour la femme, et 27 ans pour l'homme. Platon, dans sa République, établit la limite à 20 ans pour l'une et 30 ans pour l'autre. En France, en Italie, en Prusse, la femme peut se marier à 15 ans, et l'homme à

6

18 ans. En Autriche, à 16 et 20 ans. Même à cet âge fixé par les lois, la femme est loin d'être vraiment nubile. L'hygiène commande une plus sérieuse appréciation suivant les races et les climats. Dans les contrées orientales, la femme a été mère plusieurs fois à un âge où beaucoup de femmes sont à peine pubères. En France, la femme ne doit guère se marier avant 18 et même 20 ans ; il en est de même en Italie.

Les mariages trop précoces sont souvent frappés de stérilité, les enfants moins nombreux qui naissent de ces unions hâtives sont soumis à une plus grande mortalité pendant les premières années de leur vie. Ces seules considérations doivent suffire pour engager la mère à modérer l'impatience de sa fille. Non-seulement elle remplira mal ses devoirs de mère, souvent elle accomplira sans attrait ses devoirs d'épouse. En réalité, ce n'est pas à notre époque le défaut du mariage ; quand on prend la moyenne, on trouve que la femme se marie de nos jours à 26 ans, et l'homme à 30 et demi.

Au siècle dernier, cette moyenne était un peu inférieure, soit 24 et 29 ans. Entre les campagnes et les villes il n'existe pas de sensible différence. Dans ces limites il n'y a pas de dangers, peut-être même pourrait-on regretter que les mariages ne fussent pas plus précoces.

En attendant jusqu'à 24, 26 ans, la femme reste inféconde à une époque où elle pourrait donner le jour à des enfants dans toute la force de la santé. A 25 ans, la limite du mariage est déjà pour la femme trop reculée; pendant 8 ans, la jeune fille se consume dans une longue attente, au préjudice des bonnes mœurs. C'est encore le seul inconvénient, car la première grossesse est également heureuse, le premier accouchement également facile à 20, 25 ou 28 ans. Mais après 30 ans, l'accouchement est plus laborieux ; il réclame plus souvent l'intervention chirurgicale ; la proportion des décès, si l'on en croit quelques auteurs, serait notablement plus considérable. Cazeaux ne l'admet point et madame Lachapelle non plus. Il est incontestable, pourtant, que le travail marche avec plus de lenteur et présente de plus sérieux dangers. La plus grande fécondité de la femme, en France et en Angleterre, coïncide avec la période de 30 à 35 ans. La faculté procréatrice diminue progressivement à partir de cet âge, elle disparaît avec et même avant le flux menstruel. Nous avons vu combien est variable cette époque. Dans les climats orientaux, la femme de 30 ans est plus près de la ménopause qu'ailleurs la femme de 40 ans. Près de la ménopause, le mariage ne peut plus donner que des produits imparfaits, et l'hygiène condamne ces unions tardives, aussi bien pour la femme que pour l'homme.

Il est indispensable que la jeune fille soit saine et bien conformée. Ces conditions importent autant à la mère qu'aux enfants qui naîtront d'elle. Ils sont nombreux les vices de conformation qui interdisent pour jamais à la femme les droits de la maternité. Sans parler de ces absences congénitales de la matrice, des ovaires, de ces imperforations plus ou moins complètes qui empêchent la femme de devenir mère et même de remplir ses devoirs d'épouse, il est d'autres malformations, soit congénitales, soit acquises, qui doivent faire réfléchir la mère et interroger l'homme de l'art avant de décider sur le sort de sa fille. Il faut qu'elle puisse concevoir, elle doit donc présenter tous les signes de la nubilité. Elle doit être régulièrement menstruée depuis au moins une année. Comment sera-t-elle mère, si elle ne produit pas d'ovule? Il est sans doute quelques exemples cités de femmes qui n'ont jamais été réglées et ont laissé pourtant de nombreux rejetons, d'autres qui n'ont vu paraître le flux menstruel qu'après une première grossesse. Mais ces faits sont trop rares, ce sont des exceptions qu'il ne faut pas espérer. Toute femme non menstruée ne doit pas se marier; elle ne doit pas le faire sans demander l'avis d'un médecin. Comme l'aménorrhée, la dysménorrhée et la ménorrhagie doivent inspirer quelques inquiétudes. Considérer le mariage comme un remède est une faute que l'on commet trop souvent de nos jours ; c'est un acte coupable que ne conseille le médecin qu'avec une extrême prudence. Les maladies qui sont la cause de pareils troubles menstruels sont connues, nous les avons passées en revue dans les chapitres précédents. Il est inutile d'y revenir ici. Nous voulons insister sur certaines déformations qui peuvent s'accorder avec une santé en apparence excellente. Ce qui doit surtout attirer l'attention, après l'examen des organes génitaux, c'est la bonne conformation du bassin ; il faut se défier surtout des femmes de stature peu élevée. On a dit et on répète sans cesse que la petite femme est plus rarement victime d'un accouchement laborieux. On ne saurait le contester s'il s'agit de la femme normalement conformée, mais beau-

6.

coup d'entre elles sont atteintes d'une déformation du bassin qui rétrécit son canal et rend la
délivrance toujours difficile, quelquefois impossible. Les accoucheurs ne voient qu'avec effroi
ces femmes aux prises avec les douleurs de l'enfantement, surtout si les membres sont incurvés,
comme il arrive si souvent chez les jeunes filles
atteintes de maladie rachitique pendant la première enfance. Des articulations volumineuses,
une démarche particulière, sont autant de signes
qui peuvent frapper de prime abord l'attention
et inspirer quelques inquiétudes. Quand la colonne
vertébrale est incurvée par une maladie chronique, il faut toujours examiner avec soin les dimensions du bassin. Ainsi en est-il encore quand
la jeune fille a souffert autrefois d'une maladie des
hanches. Il est certain qu'une inflammation lente
de l'articulation coxo-fémorale, c'est-à-dire d'une
coxalgie, peut produire un arrêt de développement de l'os iliaque correspondant, par conséquent un rétrécissement du bassin. Dans tous ces
cas, une visite, un examen attentif doit être toujours demandé à une personne de l'art avant
d'exposer la jeune fille à une grossesse qui lui sera
fatale. Beaucoup d'autres causes peuvent encore
produire des altérations particulières du bassin

qui rendent l'accouchement impossible et sont des contre-indications formelles du mariage. Le dirons-nous? nous croyons qu'il serait utile de soumettre, dans ces quelques cas, à une visite préalable, la jeune fille qui va devenir jeune femme. Il faudra longtemps avant que de telles habitudes puissent passer dans nos mœurs; quelque pénibles qu'elles soient, ces visites seront un jour acceptées par tout le monde et elles diminueront sans contredit la mortalité. Ce qui montre bien la nécessité d'un tel examen, c'est que certaines femmes, et des plus vigoureuses en apparence, peuvent présenter un bassin étroit.

La femme, dans son propre intérêt, doit être détournée de ses projets de mariage, lorsqu'elle est atteinte de certaines maladies qui ne peuvent qu'aggraver ses nouvelles fatigues d'épouse et de mère. Combien de jeunes filles ont payé de leur vie un mariage imprudent! Celles-là surtout doivent attendre qui ont une santé débile et qui ne sont sorties qu'avec peine des dangers provoqués par la puberté. La phthisie fait chaque jour de nombreuses victimes parmi les jeunes femmes trop tôt soumises aux fatigues de la maternité. On croit trop souvent que le mariage peut rétablir une santé chancelante. Tout médecin consulté ne permettra jamais le mariage à une jeune fille qui est menacée d'accidents tuberculeux. L'hérédité, l'aspect extérieur, une toux persistante, des hémorrhagies pulmonaires et surtout l'examen attentif de la poitrine peuvent permettre à un homme expérimenté d'annoncer longtemps à l'avance le début de la maladie. Il y a donc tout intérêt à se laisser guider par les conseils d'un médecin habile, à attendre longtemps, toujours s'il le juge convenable. Nous ne parlons ici que dans l'intérêt de la jeune fille ; nous verrons que ces mêmes conseils pourraient lui être donnés à plus juste titre encore dans l'intérêt des enfants qui naîtront d'elle. C'est que cette grande loi de l'hérédité doit être le guide à consulter avant de s'engager dans le chemin de la maternité. C'est elle qui doit être le seul mobile de notre choix ; il est donc de notre devoir d'y insister longuement. Pour l'hygiéniste, le mariage n'a qu'un but principal : l'union des sexes, la création d'enfants bien portants ; tout le reste est secondaire.

Nous comprendrons bien mieux, après avoir exposé cette loi de l'hérédité, les conditions dans lesquelles doit être la jeune fille pour faire une bonne mère.

CHAPITRE VIII

Loi de l'hérédité.

Le temps n'est plus où l'on croyait que la femme ne jouait qu'un rôle secondaire dans la création, qu'elle ne pouvait imprimer de son sceau particulier les enfants qu'elle procréait; personne aujourd'hui ne saurait le nier : la femme transmet comme l'homme à ses enfants ses qualités et ses défauts physiques, intellectuels ou moraux, et les deux sexes ont une égale importance dans l'acte de la génération.

L'hérédité de structure externe frappe trop facilement le regard pour ne pas avoir été admise à toutes les époques et par tout le monde. Chaque jour on entend répéter autour de soi que tel enfant ressemble à ses parents, à ses frères ou à quelques-uns de ses ancêtres. Chose curieuse, dans l'enfance, un fils peut ressembler tout à fait à sa mère et, dans l'âge adulte au contraire, à son père.

Cette ressemblance peut être d'ailleurs plus ou moins complète ; tantôt il est difficile de préciser en quoi elle consiste : c'est un air de famille, comme on dit communément ; tantôt au contraire, on reconnaît sans peine, à côté d'un trait du visage, d'une qualité physique qui appartient à la mère, d'autres traits, d'autres qualités du père. Parfois ce n'est ni à son père ni à sa mère que ressemble l'enfant, c'est à un de ses ancêtres. Cette hérédité médiate, secondaire ou tertiaire, porte le nom d'*atavisme*. On lui fait jouer dans les théories de Darwin un grand rôle. Il est bien certain que parmi les animaux domestiques, l'atavisme prime l'hérédité immédiate. A choisir, par exemple, entre deux reproducteurs, dont l'un présenterait toutes les perfections individuelles, et l'autre, avec moins de qualités propres, aurait une longue série d'aïeux célèbres, il ne faudrait pas hésiter à choisir ce dernier.

Nous verrons que dans le monde intellectuel et moral, cette loi de l'atavisme paraît être exacte ; mais nous voulons, par quelques faits, démontrer combien est puissante cette action des aïeux sur leurs descendants très-éloignés. Le professeur Quatrefages raconte que, dans l'Andalousie où l'on élève des moutons dont la laine noire est très-estimée, on immole avec grand soin les nouveau-nés qui portent la moindre trace de laine blanche et, malgré ce soin extrême, on voit encore apparaître chaque année quelques jeunes moutons à robe légèrement blanche. Pourquoi? Ils rappellent évidemment des croisements antérieurs avec des moutons blancs. Ce fait est des plus probants. Quelques auteurs ont voulu expliquer par l'atavisme de nombreuses difformités congénitales. Le bec-de-lièvre, par exemple, est considéré par eux comme un fait d'atavisme extrêmement éloigné, car il rappellerait des ancêtres qui, par l'os maxillaire, auraient eu une grande analogie avec les autres mammifères. Le cheval, espèce isolée dans la série animale, pour lequel on a dû créer un ordre à part, celui des Solipèdes, présente très-souvent des doigts latéraux surnuméraires. On a cru pouvoir en conclure qu'il se rattachait à l'Hipparion, cheval fossile de l'époque Miocène qui possède trois doigts. Voilà donc les solipèdes rangés à côté des pachydermes!

Ce sont là des conclusions hâtives et encore hypothétiques. Nous les citons pour montrer quelle importance ont fait jouer à l'hérédité les zoologistes, surtout à l'hérédité médiate, à l'atavisme.

Il est inutile d'aller si loin chercher des faits. Ne suffit-il pas de parcourir une galerie de portraits généalogiques pour constater dans un descendant les traits d'un ancêtre, quoiqu'ils soient séparés par plusieurs générations?

Dans certaines familles, où un mélange de sang africain s'est accompli à une époque antérieure, on ne trouve pas signe de ce mélange pendant plusieurs générations, et l'on est tout étonné d'en voir apparaître des traces, même bien manifestes, après quatre ou cinq générations. Les anciens avaient observé des faits semblables. Plutarque raconte quelque part qu'une dame grecque ayant donné le jour à un enfant qui présentait les traces de sang noir, allait être condamnée comme adultère, quand on se rappela qu'elle descendait d'un Éthiopien en quatrième génération. Une dame, dont le père était quarteron, eut 15 enfants d'un Anglais de race pure, et tous offraient des signes manifestes de ce seizième du sang africain. Au Mexique, les individus blonds et frisés apparaissent de temps à autre au milieu des indigènes à chevelure noire et lisse; on peut être sûr qu'ils portent les signes d'un croisement antérieur.

Il serait important de préciser davantage; mais il sera temps d'y revenir dans un instant. Nous voulions montrer ici que les parents agissent non-seulement sur leurs enfants, mais aussi sur leurs petits-enfants et sur toute leur descendance.

Les difformités physiques sont héréditaires autant que la structure dont il a été question ci-dessus. Là encore les faits abondent, ils ont été constatés de tout temps.

Chez les Romains, certaines difformités, qui se perpétuaient de génération en génération, sont devenues la source de certains noms patronymiques: les Masones, les Pisones, etc., etc. Pline rapporte que dans la famille des Lépides, trois personnes naquirent l'œil recouvert d'une fausse membrane, et que ce vice de conformation reparut toujours parmi les descendants en franchissant une génération. Il est inutile, du reste, d'aller fouiller si loin dans l'histoire. Geoffroy Saint-Hilaire cite un nommé Lambert qui fut père de six enfants mâles; tous, à l'âge de six semaines, furent atteints d'icthyose, leur peau devint écailleuse comme celle du poisson ; le seul qui vécut se maria et transmit à ses garçons cette infirmité qui se perpétua de mâle en mâle jusqu'à la sixième descendance. C'est par l'hérédité que chaque race conserve les caractères qui la distinguent : chez les Anglais l'allongement des dents est bien connu, comme aussi la couleur de la chevelure. Il est extrêmement fréquent de voir se transmettre certaines difformités des doigts, et en particulier le sex-digitisme, c'est-à-dire la présence de six doigts. Le bec-de-lièvre, la cécité, la surdi-mutité, le strabisme, la myopie, l'héméro lapie sont autant d'infirmités incontestablement héréditaires. Ces faits ne doivent pas plus étonner que l'hérédité des formes extérieures. Il n'est pas plus surprenant de voir se transmettre des mamelles supplémentaires, une cataracte, un doigt supplémentaire, que tel trait du visage, tel timbre de la voix ou telle allure du corps. C'est toujours l'hérédité physique. Mais ce qui peut surprendre davantage, c'est qu'une infirmité acquise puisse se transmettre aussi comme les infirmités congénitales. On ne saurait pourtant le révoquer en doute. Les physiologistes l'admettent. Blumenbach cite, entre autres, l'exemple de ce malade qui, après avoir eu un doigt luxé et mal réduit, procréa des enfants qui tous présentaient une malformation du doigt correspondant. Nous pourrions citer un fait aussi curieux. Une dame blessée au menton, lorsqu'elle était jeune fille, donna le jour après son mariage à un enfant qui présentait au mêmepoint une surface cutanée étroite, dépourvue de pigment, qui, par sa forme et sa couleur, représentait tout à fait la cicatrice maternelle.

Certaines peuplades de l'Amérique méridionale, les Aymaras, les Huancas et les Chincas, déformaient la tête de leurs enfants ; depuis lors, dit-on, cette difformité se perpétue. Si les difformités peuvent se transmettre, les qualités acquises peuvent aussi se perpétuer: on comprend dès lors comment les descendants peuvent conserver quelques-unes des perfections réalisées par leurs ancêtres, et que les races marchent au progrès à chaque génération, en profitant des qualités antérieurement acquises.

Dans le monde intellectuel et le monde moral, l'hérédité n'est pas moins réelle, quoiqu'elle soit moins facile à constater. Chez les animaux, l'hérédité de l'instinct n'est ignorée de personne. Un cheval ombrageux et rétif produit des poulains qui ont le même caractère : Buffon l'avait observé. Ici, il faut bien invoquer l'hérédité et non pas l'exemple ou l'éducation, comme on a voulu le faire pour l'homme.

Dans certaines familles, tous les enfants, à l'exemple des parents, se servent de la main gauche de préférence à la main droite, malgré tous les soins que l'on prend pour leur empêcher de le faire. Le goût des arts, qui est aussi un instinct, est également héréditaire. Pour ne citer que la musique, ne sait-on pas que les trois Mozart, les deux Beethoven étaient musiciens ? Dans la famille Bach, cent vingt membres ont été des musiciens célèbres.

Quant à l'hérédité de la mémoire, l'histoire pourrait nous rappeler des exemples fameux : les Sénèque, par exemple, ont joui tous deux d'une mémoire prodigieuse. Marcus Annœus et son fils Lucius ont possédé l'un et l'autre la mémoire la plus heureuse. En interrogeant ses propres souvenirs, chacun trouverait certainement des faits à l'appui. Pour nous, nous en connaissons plus d'un.

Comme la mémoire, l'intelligence se transmet, quelle que soit du reste la forme particulière qu'elle prenne. Il est des familles où les aptitudes pour la poésie, la musique, la peinture, les sciences, se transmettent de père en fils. Il n'y a qu'à choisir pour citer les noms : les Racine, les Ampère, les Condé, les Chopin, etc., etc., les Cassini, les Buffon, les Jussieu, etc., etc., sont d'illustres exemples.

Les sentiments, les passions passent incontestablement des parents aux descendants. La morale et la justice seraient éclairées d'un jour nouveau si l'on tenait toujours un compte suffisant de l'hérédité. Brierre de Boismont, Magnus Huss, Morel ont démontré, par des faits bien concluants, qu'un père adonné à l'ivrognerie peut léguer à ses enfants cette déplorable habitude. Ainsi en est-il de l'appétit sexuel, de l'amour du jeu, de la passion du vol, qui toutes peuvent être le triste héritage des enfants. Ces passions et ces mauvais instincts touchent de près à la folie, qui commence quand la violence de ces passions a aboli la volonté et la conscience. Cette hérédité des passions explique cette hérédité de la folie qui n'est niée par personne. Pour tous les aliénistes, elle est de toutes les causes prédisposantes, la plus importante. Les antécédents pathologiques existent dans les deux tiers des cas. En ouvrant un ouvrage de médecine mentale, on peut facilement s'en convaincre. L'hérédité des passions explique encore l'hérédité du crime, dont les exemples sont si nombreux. En vain on protége le fils contre les mauvais exemples de ses parents, il devient coupable à son tour, il obéit aux mauvais instincts qu'il apporte en naissant.

Comme la volonté ne se traduit pas toujours au dehors par des actes bien apparents, on ne saurait préciser si cette faculté se transmet facilement du père à ses fils ; cependant on est frappé en voyant le même caractère reparaître chez presque tous les membres d'une même famille. Voyez, dans l'histoire romaine, les Appius, les Scipion, les Néron, etc. Voyez les Guises dans l'histoire de France : tous les membres de cette famille montrent une tenacité extraordinaire unie à un immense orgueil, à une exquise politesse.

Cette action, qu'exercent les parents sur leurs enfants, ne doit pas plus nous étonner dans le monde physique, si l'on admet que toutes les modifications de la pensée ou des sentiments sont produites par des changements soit permanents, soit transitoires dans la structure du cerveau. Tous les physiologistes admettent ces conclusions. Ce n'est pas à dire cependant que la pensée soit esclave de la matière : on peut toujours admettre que la force agissant sur le cerveau est saine, qu'elle trouve seulement un organe imparfait pour se traduire au dehors.

Dans le domaine pathologique, l'hérédité est peut-être plus importante à connaître ; on soupçonne d'avance qu'elle ne se manifeste pas avec une moindre énergie. Si les difformités physiques et les qualités morales peuvent se transmettre, on peut bien admettre que telle prédisposition est également héréditaire. En effet, il en est ainsi, et nous n'avons qu'à ouvrir et parcourir un chapitre quelconque de pathologie pour trouver des exemples aussi concluants que possible. Toutes les grandes maladies dites diathésiques se communiquent des parents à leurs descendants.

Le *cancer* est héréditaire. Que de fois une mère qui a succombé, soit à un cancer du sein, soit à un cancer de la matrice, a donné naissance à des fils qui succomberont à un cancer de l'estomac, du rectum ou de toute autre région ! Ce n'est pas tel ou tel organe qui est modifié, prédisposé par la maladie, c'est l'économie tout entière. Le *tubercule* est héréditaire ; chacun sait comment certaines familles sont douloureusement décimées par la phthisie, sous les formes très-différentes qu'elle peut revêtir. Tantôt l'enfant succombe dans les premières années de la vie, emporté par une méningite ou par une péritonite tuberculeuse, tantôt c'est un jeune homme ou une jeune fille qui succombent à vingt ans d'une lésion pulmonaire encore tuberculeuse, tantôt enfin ce sont des tubercules des os pouvant produire à tout âge des suppurations interminables. La *syphilis* est héréditaire et emporte souvent l'enfant dans les premiers mois de la vie, quand il n'est pas mort dans le sein de sa mère avant de voir le jour. Les affections *dartreuses* sont héréditaires comme aussi le *rhumatisme*, la *goutte*. Mais ces maladies protéiformes ne se manifestent pas toujours avec les mêmes symptômes chez les parents et leurs descendants : chez l'un, par exemple, la goutte sera bien caractérisée par ses accès périodiques; chez l'autre, elle se dissimulera sous la forme de névralgie, de dyspepsie, etc. Les affections cardiaques ne sont pas, à proprement parler, héréditaires ; ce qui l'est, c'est la cause qui les produit le plus souvent, c'est-à-dire le *rhumatisme*. Toutes les *névroses* se transmettent en se modifiant aussi plus ou moins, suivant les circonstances. Une mère atteinte d'*hystérie* donnera toujours naissance à des enfants nerveux et irritables, si son influence n'est point paralysée par celle du père. La présence d'*épileptique* dans une famille doit inspirer toujours de profondes inquiétudes sur les descendants; car l'épilepsie, le vulgaire le sait fort bien, est essentiellement héréditaire. Mais elle peut se modifier, elle aussi. Elle peut avoir d'ailleurs une autre origine, l'*alcoolisme*.

Nous l'avons déjà dit, et c'est le cas de le répéter ici, on ne saurait trop le faire, que l'aliénation mentale sous toutes ses formes est héréditaire.

Il ne faut pas en conclure que chaque enfant apportera nécessairement en naissant les maladies de ses parents. Un certain nombre sont atteints, la plupart restent indemnes, au moins en apparence, mais ils pourront donner le jour à des enfants qui présenteront tous les symptômes de la maladie de leurs aïeux. L'atavisme est vrai autant dans le domaine pathologique que dans le domaine moral ou intellectuel.

L'hérédité médiate ou immédiate existe donc. Les exemples que nous avons donnés suffiront pour démontrer son importance. Mais il serait intéressant d'examiner quelle part il faut accorder à chacun des sexes ; de rechercher pourquoi, dans telle ou telle circonstance, le père ou la mère influent plus particulièrement sur leurs descendants. La science sur ce point est loin de fournir des données bien précises. Cependant il paraît vrai en général que l'époux le plus avancé en âge imprime sur son enfant des traces plus profondes. L'hérédité se manifeste avec une plus grande énergie entre les sexes contraires : ainsi la fille ressemblera davantage à son père, et le fils à sa mère. Cette observation n'est plus juste si l'on considère l'atavisme ; rien n'est commun comme de rencontrer un enfant qui ressemble à son aïeul, une fille à sa grand'mère. Cette loi, qui est généralement vraie dans le monde physique et pathologique, l'est moins peut-êtredans le monde intellectuel, sans qu'il soit possible cependant de rien affirmer. Un enfant peut très-bien d'ailleurs avoir les qualités physiques de l'un de ses parents et les qualités morales de l'autre. Le fils de Gœthe possédait le physique du père et l'intelligence de sa mère : aussi l'appelait-on le fils de la servante. Encore une fois, les lois qui président à cette action des parents sur leurs descendants sont pour la plupart mystérieuses.

Le mari n'agit pas seulement sur les enfants

qui lui appartiennent, il exerce encore son influence sur les enfants qui naîtront d'un autre époux. Il n'est pas très-rare de voir une veuve donner à son second mari des enfants qui ressemblent au premier. Quelque invraisemblable que ce fait paraisse, il est vrai. En Amérique, on n'ignore pas qu'une femme une fois fécondée par un homme de couleur pourra toujours, même avec un blanc, donner le jour à des enfants qui porteront la marque incontestable du sang africain.

Cette influence d'une première fécondation sur les suivantes ne pouvait être méconnue par les zoologistes et surtout par les éleveurs. Ces derniers savent depuis longtemps qu'une jument, une chienne race pure, fécondées une première fois par des individus de race différente, sont pour jamais incapables de donner des produits d'une pureté parfaite.

L'explication de ces faits incontestés n'est pas encore donnée par la science. En tout cas, on ne saurait plus invoquer comme autrefois l action de l'imagination et de la mémoire, auxquelles on faisait jouer un rôle trop important. Mieux vaut considérer ce qui se passe dans la série animale. Chez les oiseaux, la femelle peut, après un seul rapport sexuel, produire pendant longtemps des œufs fécondés. Ce fait ne présente-t-il pas la plus grande analogie avec celui que nous venons de signaler chez l'homme et les autres mammifères? Nous pouvons donc supposer que le mâle ne féconde pas seulement l'œuf qui va immédiatement se développer dans la matrice, mais qu'il imprègne aussi les œufs qui ne sont point encore arrivés à maturité. Pour subir leur évolution complète, ces derniers auront encore besoin d'une nouvelle fécondation, la première étant incomplète.

CHAPITRE IX

**De l'époux. — Ses qualités physiques, morales
et intellectuelles. — Consanguinité.**

La loi de l'hérédité n'est pas la seule qui inté-
resse la femme désireuse de donner le jour à des
enfants sains et intelligents. Ce n'est pas assez
pour atteindre ce but, que la mère soit douée
de toutes les perfections physiques et morales,
il faut encore que le père ne vienne point exercer
une funeste influence ; il doit réunir les qualités
que nous allons essayer de passer en revue.

Comme la femme, nous l'avons vu, il peut
transmettre à ses enfants ses qualités ou ses défauts par l'hérédité. Santé excellente, constitution vigoureuse, absence de toute diathèse, rec-
titude de l'intelligence, telles sont les conditions
que doit remplir un époux convenable. Il est
inutile d'insister, nous ne ferions que répéter ce
que nous avons dit en parlant des qualités de

l'épouse. Mais encore serait-il nécessaire de connaître par quel signe se manifestent les principales affections qui doivent être considérées pour le mariage comme autant d'empêchements absolus, comme des *vices rédhibitoires*. La folie s'étale ordinairement au grand jour, elle ne reste guère cachée au sein de la famille, malgré les mystères dont on cherche toujours à l'entourer ; il ne suffit pas, pour rassurer la mère sur le sort de son enfant, qu'il n'y ait pas d'accident d'aliénation parmi les plus proches parents, il faut remonter plus haut et se rappeler que l'atavisme exerce autant d'influence que l'hérédité immédiate. Il faut se rappeler aussi que l'aliénation mentale se traduit parfois par de simples bizarreries de caractère, par des habitudes étranges. Un grand aliéniste a dit que tout original était père ou fils d'aliéné. Des passions prédominantes sont souvent les premiers symptômes ou plutôt le premier pas vers la folie. Certaines variétés de délire vésanique apparaissent rarement au grand jour. Elles peuvent se dissimuler facilement, et les exemples en seraient nombreux à citer. Il n'est pas un médecin qui n'ait été le discret confident de douloureux secrets. C'est un père qui reste pendant de longues heures, de longues années enseveli au milieu de ses livres, travaillant sans trève ni repos; pour tout le monde, c'est un savant qui va tôt ou tard publier le résultat de ses profondes études; seuls sa femme et les siens savent que toutes ses occupations sont ridicules : son grand travail est de compter les lettres de ses volumes, de s'ingénier à trouver des solutions à des problèmes absurdes.

A côté de la folie, il faut placer l'épilepsie. Elle aussi peut conduire à l'aliénation mentale, à une de ses formes les plus dangereuses, car elle est moins facile à prévoir étant plus brusque dans son début, plus rapide et plus inconsciente : presque tous les meurtres commis par les aliénés l'ont été par des épileptiques. Eh bien! l'épilepsie, même dans ses formes dangereuses, ne se trahit pas toujours par ses accès caractéristiques. Quelquefois elle ne se manifeste que par de simples vertiges qui passent presque toujours inaperçus. Et encore une fois, c'est peu que l'époux ne présente pas de pareils accidents, il faut qu'il n'y en ait pas parmi les membres même éloignés qui composent la famille.

La phthisie est facile à reconnaître lorsque les malades succombent entre la période de vingt à trente ans. Mais le diagnostic est moins facile pour le vulgaire lorsque la mort arrive à un âge plus avancé ; alors l'amaigrissement, la consomption peuvent avoir bien des causes différentes. Dans les premières années de la vie, la phthisie se dissimule encore sous des apparences plus diverses. Le carreau produit ce développement exagéré de l'abdomen, cette dureté particulière du ventre et ces coliques qui, avec les troubles digestifs emportent tôt ou tard, le pauvre petit malade. Les tubercules du cerveau ne sont guère reconnus que par le médecin ; comme la méningite se manifeste surtout par des convulsions, on dit vulgairement que ce sont elles qui ont emporté le malade. D'ailleurs la phthisie ne doit pas inspirer les mêmes inquiétudes que les accidents bien constatés de folie ou d'épilepsie. Lorsque le jeune homme jouit d'une constitution vigoureuse, en surveillant le régime, on peut espérer des enfants doués d'un tempérament excellent. Pour la jeune fille, la défense du mariage était plus absolue, surtout à cause des dangers personnels que lui font courir les fatigues de la maternité. Dans tous les cas, il faut se rappeler que, dans des circonstances aussi graves, il ne faut jamais se décider qu'avec une extrême prudence. On ne saurait jamais prendre assez de précautions. Il ne faut pas, au reste, que la mère se le dissimule : la cohabitation de deux êtres qui vivent d'une vie aussi intime que l'époux et l'épouse, n'est pas toujours sans danger. Il n'est pas encore absolument démontré que la phthisie soit contagieuse, mais les faits viennent chaque jour appuyer cette opinion.

Le cancer, la goutte et le rhumatisme n'échappent pas facilement à l'attention. Le cancer arrive tardivement, vers l'âge de quarante, quarante-cinq ans. Le rhumatisme produit des douleurs longues et pénibles, parfois des déformations caractéristiques. Les signes de la goutte, lorsqu'elle prend sa forme habituelle, n'échappent à personne ; mais nous savons que c'est un Protée parfois insaisissable, tant sont nombreuses les formes qu'il peut revêtir.

La syphilis est, après la folie, la plaie de notre époque ; elle est fréquente dans les villes ; et par les militaires et les nourrices, elle a aussi infecté les campagnes. Mais aucune maladie n'est dissimulée avec autant de soins et avec autant de succès. Il est donc bien difficile d'avoir des renseignements positifs ; seul le médecin pourrait les donner avec certitude, mais il est lié par sa conscience ; c'est donc seulement par les indiscrétions de quelques amis, la vengeance de quelques ennemis que l'on aura la clef du mystère. La finesse, l'habileté d'une mère qui a souci du bonheur de sa fille sauront trouver le moyen de s'éclairer. Cette maladie est d'autant plus grave qu'elle peut, du moins au début, atteindre la mère parfois avant l'enfant et presque toujours avec lui.

La scrofule est peut-être de toutes les diathèses la plus facile à reconnaître ; elle est sœur de la phthisie et s'accuse souvent chez quelques-uns des membres d'une famille, tandis que d'autres succombent à la maladie tuberculeuse. Elle s'accuse toujours par des symptômes qui frappent de prime abord le regard et qui persistent toujours, même après la guérison : tantôt ce sont des glandes volumineuses qui peuvent arriver à suppuration et produire ces cicatrices indélébiles du cou et de la face ; tantôt, localisée sur les yeux, elle amène après elle ces taches plus ou moins profondes de la cornée ; tantôt enfin elle produit ces arthrites fongueuses, ces suppurations osseuses qui apparaissent à une époque assez avancée de la vie. Tel parent scrofuleux doit faire craindre à ses descendants, non-seulement des accidents scrofuleux, mais aussi des accidents tuberculeux.

Ce n'est pas assez que l'époux soit indemne de tous ces accidents, il faut qu'il jouisse d'une santé excellente et d'un tempérament convenable; il faut surtout qu'il ne soit ni trop jeune ni trop avancé en âge. Nous avons montré, en parlant de la femme, que l'âge du mariage était pour elle vingt, vingt-cinq ans et rarement trente ans; nous avons dit qu'il en devait être ainsi dans son propre intérêt et dans l'intérêt de ses enfants. Pour les mêmes raisons, il faut condamner les unions hâtives de l'homme. S'il lui est permis par les lois d'épouser à dix-huit ans, il ne s'ensuit pas qu'il soit capable encore d'être un chef de famille à la hauteur de ses devoirs, qu'il soit capable de créer, sans dangers pour lui-même, qui n'est qu'incomplétement développé, et sans péril pour l'avenir des enfants qui lui devront la vie. Platon avait bien compris les inconvénients des mariages précoces, puisque dans sa République il interdit le mariage avant trente ans. Cette limite est trop reculée ; cependant c'est la moyenne de l'âge des hommes dans nos unions modernes. Cette époque est déjà un peu trop reculée ; ce n'est vrai qu'au point de vue de la morale, car l'homme aime avant ce moment. L'âge de vingt à quarante ans est celui dans lequel l'homme a toute la plénitude de sa force, c'est le moment de la vie où le nombre des naissances est le plus considérable. Faut-il être plus précis? les statistiques le permettent. C'est de vingt-six à trente-trois ans que l'homme donne le jour à une plus nombreuse postérité. Mais encore est-il nécessaire qu'il n'y ait pas de différence entre l'âge de l'homme et celui de la femme. S'il est plus jeune qu'elle, la moyenne des naissances est de 4, 87. Sont-ils du même âge? cette moyenne s'élève à 6,17. Si le mari est plus vieux, de un à seize ans, le chiffre moyen est de 5,57. Enfin s'il a seize ans de plus que sa femme, la moyenne descend à 4, 55. Ces statistiques n'ont été faites qu'en Angleterre, elles paraissent démontrer que les mariages les plus productifs sont ceux où le mari a l'âge de la femme ou un âge un peu plus avancé. La faculté procréatrice pour l'homme paraît diminuer à partir de quarante ans; après cinquante, elle tombe progressivement; si bien qu'à soixante-cinq ou dix ans elle est tout à fait éteinte : le désir seul persiste et survit à la force. L'homme aime lui aussi jusque dans la vieillesse. Sainte-Périnne a ses amours et ses mystères. Cependant il ne faudrait pas croire qu'il n'y ait pas de nombreux exemples où la fécondité a persisté jusque dans un âge très-avancé. Quel-

ques-uns sont illustres: Massinissa, roi de Numi-
die, devient père à quatre-vingt-dix ans (1).
Dans les Comptes-Rendus de l'Académie des
sciences de 1710, on trouve relaté le mariage
d'un homme de quatre-vingt-quatorze ans avec
une femme de quatre-vingt-trois ans. Ce mariage était fait pour cacher la grossesse illicite
de cette femme qu'il venait de rendre enceinte
avant le mariage ; elle accoucha d'un garçon
bien portant. Le rapport fut envoyé à l'Académie
de Paris par l'évêque qui les avait unis. Ces
exceptions sont rares, et n'empêchent pas que les
amours séniles soient dangereux pour la société ;
ces unions tardives sont condamnées par la morale et l'hygiène. Pourquoi les lois n'ont-elles
pas établi un *maximum comme un minimum?*

Que deux vieillards s'unissent entre eux pour
consoler leur vieillesse, on ne saurait l'empêcher
ni même le blâmer : la société ne peut rien
craindre de ces unions qui n'ont du mariage que
le nom, puisqu'elles sont infécondes. Mais ce que
nos lois devraient défendre à tout jamais, ce sont
ces mariages entre les vieillards et les jeunes
filles ; ils sont un scandale trop fréquent dans nos
sociétés modernes. Que dire de cette jeune fille

(1) Ladislas, roi de Pologne, eut deux fils à quatre-
vingt-dix ans.

avec son imagination pleine de beaux rêves, avec son cœur débordant d'amour, que l'on jette comme une victime dans les bras d'un vieil homme, ridé, flétri par l'âge, sans illusion? Quel sera son sort? Si elle trouve dans ce vieux corps une âme noble, un cœur élevé, cette exquise éducation qui fait tout pardonner, elle pourra vivre là de sa vie de jeune fille et s'attacher à son mari comme l'enfant à son père. Mais en est-il souvent ainsi? S'il est infirme ou malade, elle aura le courage de veiller à son chevet, elle se dévouera, car le cœur de la femme a besoin de dévouement et de sacrifices. Mais s'il ne sait pas comprendre sa situation, s'il pense rajeunir au contact de sa jeune femme, que deviendra-t-elle? Saura-t-elle toujours accepter de bonne grâce un sort qu'elle n'a point mérité? Ne maudira-t-elle pas les parents qui l'ont lancé dans cette voie sans issue? car, hélas! de par nos lois le mal est sans remède. Heureuse celle qui pourra jusqu'au bout supporter son martyre et qui n'ira point chercher en dehors d'un foyer maudit les joies du cœur dont elle a besoin! Elle se consolera dans l'amour de ses enfants. Encore est-elle bien sûre de trouver en eux le bonheur? Produits d'un âge avancé, seront-ils dignes des soins et de l'amour de leur mère ? Vit-on jamais un vieil arbre qui végète donner des fruits savoureux ? C'est une inquiétude de plus dans sa vie de suppléer par ses soins à la nature. Ainsi le vieillard ne peut point se marier avec une jeune femme sans violer les lois de la morale et de l'hygiène. Peut-être faudrait-il mieux lui parler au nom de son propre intérêt, son égoïsme comprendrait sans doute. Ces amours séniles sont dangereux pour lui, et l'abbé Maury a pu dire justement que chaque fois qu'il se livre au plaisir, il jette une pelletée de terre sur sa tête.

Est-ce assez pour l'homme d'être jeune, bien portant et intelligent ? Non, pas encore ; il doit remplir d'autres conditions indispensables. Mais il faut signaler une autre grande loi importante à connaître, même du vulgaire. Nous voulons parler de la consanguinité.

Consanguinité. — On avait remarqué depuis longtemps que les mariages entre parents étaient loin de donner toujours des enfants parfaits, malgré toutes les qualités rénnies chez les époux. Certains peuples anciens avaient interdit les mariages entre parents. Ainsi chez les Hébreux, toute union consanguine était interdite. Les chrétiens ont adopté ces coutumes judaïques. Les dispenses facilement accordées ou achetés ont fait disparaître peu à peu une partie des empêchements. Les diverses législations ont, elles aussi, adopté ces pratiques ; elles interdisent les mariages entre frères et sœurs et ne permettent, qu'après autorisation préalable, les unions entre tantes et neveux, oncles et nièces, et même entre cousins germains. Chez les Hindous, les unions ne sont autorisées qu'au troisième degré. Dans le Céleste Empire, les prohibitions sont bien plus sévères : tout degré de parenté, à quelques degrés qu'il soit, est un empêchement absolu. Les individus qui portent le même nom ne s'unissent jamais entre eux. En revanche, chez la plupart des peuples sauvages, les unions sont permises entre les membres les plus proches de la même famille. Ainsi les Tartares ne craignent pas d'épouser leurs propres filles. Les Arabes font ainsi, et, si l'on en croit l'histoire, les Perses épousaient quelquefois leurs mères. L'hygiène n'a pas encore dit son dernier mot sur les dangers des unions consanguines : trop exagérés par les uns, trop atténués par les autres, ils méritent d'être étudiés avec grand soin.

Cependant la science possède déjà quelques données positives. On a remarqué que les infir-mités, les monstruosités, étaient plus souvent le fruit des mariages entre parents. On a trouvé que la stérilité, l'idiotie, la surdi-mutité, l'épilepsie, la folie, l'albinisme, la scrofule, apparaissent fréquemment parmi les enfants issus de parents consanguins, alors même que l'hérédité ne pouvait faire prévoir aucun accident semblable. Faut-il préciser davantage et citer les faits? Les statistiques de sourds-muets faites à Paris, Lyon, Bordeaux, démontrent qu'en dehors de toute hérédité, la proportion de muets issus de mariage consanguins est de trente pour cent. Dans les anciens États pontificaux, Balley a constaté dans un service hospitalier que sur trente-trois cas de surdi-mudité, treize étaient congénitaux, et parmi ces derniers trois avaient une origine consanguine (1). Un de ceux-ci était surtout remarquable par le proche degré de parenté de ses père et mère. De leur union naquirent quatre fils, morts dans l'enfance, le cinquième est sourd-muet, le sixième est un nain, le septième, qui est âgé de onze ans, est le seul parfaitement sain. Dans certains départe-

____

(1) *Hygiène* du Dr Mantegazza, professeur à Florence.

ments de la République française, où les mariages consanguins sont plus fréquents, la surdi-mutité est aussi beaucoup plus fréquente. Ainsi dans vingt et un départements, il existe un sourd-muet pour 1158 habitants, tandis que dans vingt-cinq autres la proportion n'est que de un sur 2286. Liebreich a trouvé qu'à Berlin il existe pour 10,000 catholiques, trois sourds-muets ; pour 10,000 protestants, six sourds-muets, et 27 pour 10,000 juifs. Ces chiffres sont probants si l'on sait que les prohibitions pour les mariages consanguins sont plus rigoureuses parmi les catholiques que parmi les protestants, et que les juifs se marient souvent entre proches parents. Nul ne saurait donc révoquer en doute l'action nocive des mariages consanguins au point de vue de la surdi-mutité. Il est inutile d'insister plus longuement sur les nombreuses maladies ou infirmités que nous avons énumérées plus haut.

La stérilité n'est pas moins bien prouvée. Cadiaud a communiqué à l'Académie des sciences de Paris une note sur cinquante-quatre mariages consanguins observés par lui entre parents du troisième ou quatrième degré, et il a prouvé que quatorze sont restés stériles, sept ont produit des enfants qui ne sont point arrivés à l'âge adulte ; dix-huit ont donné des enfants scrofuleux, sourds-muets et idiots.

L'albinisme est également fréquent : dans le district d'Everdon (Suisse), deux frères ont épousé deux cousines germaines ; ils ont eu à eux deux sept enfants qui tous avaient les cheveux blancs, les paupières mobiles et les iris roses, les chairs molles et décolorées qui caractérisent les albinos.

Trente pour cent de sourds-muets, avons-nous dit, sont issus de mariages consanguins, cinq pour cent au moins d'aveugles-nés sont produits sous la même influence. Les statistiques le prouvent.

Liebreich a, du reste, trouvé que la rétinite pigmentaire est fréquente chez les enfants issus de mariage entre consanguins.

Ces faits nous paraissent trop probants pour permettre d'affirmer encore, comme le font quelques auteurs, l'immunité des mariages consanguins. On peut sans doute citer de nombreux exemples où ces unions n'ont présenté aucune gravité. Mais il est illogique de conclure de cette immunité relative à une immunité constante.

Ce que l'on observe chez les animaux ne fait que confirmer ce que nous avons dit des dangers qui résultent des mariages entre parents. Sans doute, les éleveurs recherchent souvent les produits qui naissent des accouplements d'animaux issus des mêmes parents. Mais si l'industrie peut tirer profit de ces produits, sont-ils admirables au point de vue de la force et de la santé ? L'industrie fait des monstres, grâce à cette consanguinité, en développant tel système aux dépens d'un autre. Sont-ils donc réellement beaux ces porcs dont la graisse est énormément développée, quand les os sont très-petits ? On en peut dire autant du bœuf Durham. Les moutons Dishley fournissent une laine magnifique ; mais si l'on accouple les enfants avec leurs parents, la laine perd bien vite ses qualités.

Comment expliquer cette action que peut exercer sur les enfants la parenté plus ou moins éloignée des époux ? On ne peut le dire encore. A défaut de théorie, il est permis de faire des hypothèses. On peut admettre que les parents possèdent certaines qualités communes, bonnes ou mauvaises, qui, en s'exagérant, peuvent prendre des proportions telles qu'elles deviennent des monstruosités. Ainsi comprise, la loi de la consanguinité, loin d'être en opposition à la loi de l'hérédité, n'en est qu'une conséquence, un corollaire. Il faut éviter les mariages consanguins pour la même raison qu'il faut favoriser les croisements.

Loin donc de rechercher des qualités semblables chez les époux, il faut chercher les oppositions et les contrastes dans les tempéraments, les goûts, les constitutions, voire même l'organisation physique.

A un tempérament nerveux, gardez-vous d'associer un tempérament semblable : les enfants qui naîtraient pourraient présenter des névroses les plus diverses ; à un tempérament lymphatique, n'associez pas non plus un autre lymphatique : vous recueilleriez la scrofule.

Deux tempéraments sanguins pourraient donner naissance à des enfants variqueux, hémorrhoïdaires ou apoplectiques.

Lorsqu'une jeune fille présente par elle-même ou par sa famille certaines prédispositions à telle ou telle difformité ou malformation, il serait imprudent de l'associer à un époux qui en présenterait de semblables. Nous ferons mieux comprendre par quelques exemples. L'obésité est héréditaire; il ne faudra donc pas unir deux époux qui présenteraient l'un et l'autre cette prédisposition héréditaire. Il ne faudrait pas davantage marier un homme de très-petite taille à une femme qui offrirait une stature très-peu élevée.

Les mêmes préceptes observés dans le monde intellectuel produiraient assurément des hommes d'une intelligence droite et bien équilibrée. Mais il serait difficile de formuler de pareils préceptes, et plus difficile encore de les appliquer.

Nous venons d'envisager le mariage comme l'union de deux sexes destinée à perpétuer la race ; mais, nous l'avons dit et la mère ne saurait l'oublier, le mariage est aussi l'union de deux personnes, la fusion, pour ainsi dire, de deux êtres qui doivent s'aimer et se prêter un mutuel appui. Il faut qu'il y ait communauté de goûts, de sentiments et d'éducation. C'est pour cela que la mère ne doit point dédaigner ces considérations de fortune, de naissance et surtout d'éducation. Mais pourquoi insister ? elles pèsent déjà d'un trop grand poids dans notre société. Peut-être serait-il plus utile de mettre en garde la jeune fille contre les entraînements irréfléchis de son cœur, et la mère contre la fascination d'un beau titre ou d'un grand nom. La femme aime trop les vieux parchemins, elle est parfois heureuse de redorer un blason avec la fortune de sa fille et de pénétrer à sa suite dans un monde dont les portes lui avaient été, par sa naissance, fermées jusqu'à ce jour.

Ces considérations sont trop en dehors de notre travail, et c'est trop y insister. Nous rappelons en quelques lignes les qualités que doit présenter un époux qui résume en lui toutes les perfections.

Il a de vingt-cinq à trente ans, et son âge ne dépasse pas beaucoup celui de sa femme.

Il possède et ses aïeux ont possédé comme lui toutes les qualités physiques : santé, force, intelligence et éducation du cœur.

Non-seulement il ne présente aucune infirmité, aucune déformation ; mais il n'en existe pas, il n'en exista jamais dans sa famille.

Surtout il ne porte en lui le germe d'aucune maladie diathésique, acquise ou congénitale : aliénation, cancer, syphilis, goutte, rhumatisme, herpétisme, etc.

Son intelligence est droite, lucide. Son cœur n'est point trop exalté, ses sentiments sont nobles. Les grandes passions sont parfois la source de graves dangers ; les crimes sont héréditaires.

Autant que possible, son tempérament, doit être différent de celui de la femme.

Le mariage accompli dans ces conditions donnera toujours des enfants dignes de leur père. A la mère de voir en outre les conditions de naissance, de fortune, d'éducation qu'il doit réaliser pour faire le bonheur de sa fille.

CHAPITRE X

**Stérilité.—Son histoire chez les différents peuples.
— Sa fréquence. — Ses causes.**

La femme, avons-nous dit, a soif d'être mère.
Pour elle, ce n'est pas assez de l'amour de
l'époux ; il lui faut des enfants pour combler
le vide de son cœur. Pourquoi sont-elles si nombreuses celles qui n'auront jamais le bonheur de
sentir un nouvel être palpiter dans leur sein ?
Etre femme et ne pouvoir devenir mère, recevoir
les baisers de l'époux sans espérer les caresses
de l'enfant : pourquoi cette étrange bizarrerie de
la nature !

Ce n'est pas seulement dans la race humaine
que l'on rencontre des exceptions à cette grande
loi qui assure la conservation de l'espèce. On les
retrouve à tous les degrés de l'échelle de la vie,
parmi les animaux ainsi que chez les végétaux.
Combien de plantes s'étiolent et meurent sans
porter de fruits !

Celles-là surtout sont infécondes, que l'homme a voulu guider à son gré et troubler dans leur évolution naturelle.

Chez les animaux que l'homme n'a point cherché à faire dévier de leur type naturel, pour les transformer en monstres ou en hybrides, la stérilité, sans être très-rare, est cependant moins fréquente que dans l'espèce humaine. Il serait peut-être facile d'en trouver les causes dans nos mœurs, nos habitudes sociales, qui sont loin d'être toujours conformes aux lois de l'hygiène naturelle.

Ceux qui savent combien sont nombreuses les malformations congénitales ou acquises de l'appareil sexuel, combien sont fréquentes les maladies locales ou générales qui viennent en troubler les fonctions, ceux-là ne s'étonnent pas de voir tant d'épouses demeurer infécondes.

Comme les lésions et les maladies diverses qui en sont la cause, la stérilité s'est rencontrée à toutes les époques et chez tous les peuples. Sara attendit longtemps la naissance d'Isaac, et Rachel envia longtemps aussi le bonheur de sa sœur Lia. Ce n'était pas assez pour elle d'occuper la première place dans le cœur de Jacob, leur commun époux; elle voulait comme sa sœur être mère : elle le fut plus tard, après de longues années.

D'autres ont attendu en vain. Les sociétés de mœurs pures et sévères ont toujours considéré la stérilité comme une infirmité, quelquefois comme une honte. Les Germains qui voulaient une famille répudiaient l'épouse inféconde. Chez les Spartiates, la femme qui n'avait pas d'enfants osait à peine paraître en public. Ces hommes austères n'avaient que faire d'une plante qui ne portait pas de fruits. Il n'en était pas ainsi chez les Athéniens : ils aimaient le beau plus encore que l'utile et ils savaient que la fleur stérile n'est pas toujours la moins richement épanouie. A Rome, la femme était fière de ses nombreux enfants, elle se faisait gloire de donner à la patrie des défenseurs; mais plus tard, lorsqu'elle sortit du sanctuaire de la famille, elle descendit assez bas pour désirer le bonheur d'être inféconde, afin de pouvoir se livrer sans inquiétude et sans danger à ses honteuses passions. Au moyen âge, l'épouse laissée seule au foyer se complaît dans les joies de la maternité. Elle veut des enfants pour égayer la solitude et perpétuer sa race. Malheureuse celle qui ne peut devenir mère ! Que de larmes, de vœux et de prières ! A cette époque d'ignorance, mais de foi ardente, ce n'était pas à la science que l'épouse malheureuse pouvait demander remède à sa douleur.

Tels pèlerinages furent longtemps célèbres, et, si l'on en juge par le nombre des épouses qui accouraient en foule, la stérilité devait être alors assez fréquente. Les guérisons n'étaient pas rares : s'il fallait en croire les sceptiques et les railleurs, ces longs voyages remédiaient quelquefois moins à la stérilité de la femme qu'à celle de l'époux.

Il faut arriver jusqu'au commencement du XVIIe siècle pour rencontrer un ouvrage réellement scientifique sur la stérilité. Ce premier travail est de Hucher, professeur à Montpellier, et fut imprimé à Genève en 1609 (1). Depuis, les livres se sont multipliés sur ce sujet; mais la plupart n'ont rien de scientifique et ne sont écrits que pour flatter la curiosité du public.

C'est seulement à notre époque que cette question a été envisagée à son vrai point de vue, grâce aux découvertes récentes sur la génération et grâce aussi à l'étude plus attentive des maladies de la femme. Malgré de sérieux travaux, il reste

(1) Hucher, *De sterilitate utriusque sexus libri quatuor.* Geneva, 1609.

encore beaucoup à faire pour éclairer d'une vive lumière cette page importante de la pathologie. Aucune autre, peut-être, n'est digne d'un plus grand intérêt. Pour le bien comprendre, il faut avoir vu avec quelle impatience la jeune épouse attend les premiers signes de la maternité ; il faut avoir vu couler des larmes amères, quand cette espérance, qui faisait toute sa joie, est déçue. Pauvre femme, où cherchera-t-elle son bonheur ? Ce n'est pas au foyer : un foyer sans enfant est un foyer désert qu'abandonne trop tôt l'époux. Ce n'est pas non plus dans le monde, où elle regardera d'un œil d'envie cette mère qui se promène avec orgueil au milieu de ses enfants.

Ils sont nombreux ces mariages déshérités. La statistique a donné des chiffres précis, et tous les savants qui ont étudié la question sont arrivés à des résultats concordants. Ainsi Simpson, sur 1252 mariages, en a trouvé 146 complétement stériles, c'est-à-dire un sur huit environ. Sims et Wells ont trouvé la même proportion. Ces recherches, faites dans les grands centres de population, ne s'accordent pas avec celles qui ont été naguère entreprises dans les campagnes. Ici, la proportion serait à peine de un sur quinze, et encore serait-il juste de tenir compte des mariages contractés à un âge avancé, mariages qui sont physiologiquement inféconds.

Mais dans ces mariages stériles, quelle part faut-il accorder à l'influence de la femme ? Il est bien difficile de le dire ; cependant on peut affirmer, sans crainte d'erreur, que l'infécondité de l'époux est relativement beaucoup plus rare que celle de l'épouse. A peine est-il nécessaire d'en donner les raisons. L'appareil génital de l'homme, moins complexe que celui de la femme, n'est pas soumis à ces congestions périodiques qui sont chez elle les causes de ces maladies toujours menaçantes. Les déformations congénitales ou acquises passent rarement inaperçues, car chez lui elles frappent le regard et ne nécessitent pas toujours une exploration attentive. Enfin, l'homme qui doute de sa virilité ne craint pas, avant de contracter des liens indissolubles, d'interroger le médecin, et celui-ci peut presque toujours, avec l'aide du microscope, lui donner une réponse certaine. Malheureusement il n'en est pas ainsi chez la femme. L'examen est pénible, difficile, et ne permet jamais de répondre avec certitude, car la stérilité n'est pas incompatible avec l'intégrité apparente de l'appareil génital et avec tous les attributs extérieurs d'une santé florissante.

Pour bien comprendre les causes si diverses de la stérilité de la femme, il est utile de rappeler en quelques mots les conditions indispensables pour la fécondation.

L'œuf ou l'ovule produit par l'ovaire est l'élément nécessaire, puisque c'est lui qui doit se développer dans la matrice, après avoir subi l'imprégnation spermatique dans la trompe de Fallope. Naissance de l'ovule, cheminement dans le canal tubaire, imprégnation spermatique, fixation et développement dans l'utérus, tels sont les quatre phénomènes sans lesquels la femme ne peut devenir mère. Toute cause qui interviendra pour en troubler le cours provoquera toujours la stérilité. Tantôt, c'est une maladie locale ou générale qui retarde ou empêche la production de l'œuf; tantôt, c'est une lésion, une déformation qui l'arrête dans sa marche ou ne permet pas à la liqueur fécondante d'arriver jusqu'à lui; tantôt, enfin, ce sont des affections de l'utérus, des congestions trop actives vers cet organe, qui mettent obstacle à son adhérence et au développement de l'œuf fécondé. Ce sont ces causes si complexes que nous étudierons plus longuement dans le chapitre suivant ; alors, seulement, il sera possible d'aborder le pronostic et le traitement de chaque variété. Mais ce rapide examen peut déjà faire comprendre combien étaient trompeurs ces prétendus spécifiques qui ont eu du succès dans le vulgaire, à une époque encore récente. Aujourd'hui, le bon sens et l'expérience en ont fait justice. Dans bien des cas, la guérison arrive spontanément et sous une influence encore mystérieuse. Telle femme est longtemps stérile avec son mari : elle oublie un instant ses devoirs, devient mère, et dès lors peut donner le jour à de nombreux enfants réellement légitimes. Ces exemples ne sont pas rares.

Comment cet amour adultère a-t-il éveillé une fonction jusqu'alors endormie ? Et même, sans citer ces coupables exceptions, pourquoi de nombreuses épouses ne deviennent-elles mères qu'après plusieurs années de vie conjugale ? Spencer Wells a trouvé que sur 7 mariages, 4 seulement sont féconds avant 18 mois, et que sur 10 épouses, 5 seulement sont mères dans la première année et 4 dans la deuxième année. Ces faits sont consolants pour la jeune femme, qui ne doit point se désespérer ; ils sont consolants aussi

pour le médecin, qui doit entretenir cette douce
espérance tant qu'il n'a pas reconnu d'obstacles
absolus et incurables.

CHAPITRE XI

Stérilité par défaut d'ovulation.

Toute femme qui ne produit pas d'ovule est nécessairement stérile. Avant la puberté comme après la ménopause, ce sommeil des ovaires est, on le sait, physiologique : aussi ne doit-il pas nous occuper ici. Mais chez certaines femmes, les signes de la puberté ne se manifestent jamais ; chez d'autres, ils disparaissent pour un temps, ou pour toujours, longtemps avant l'époque habituelle. Quelles en sont les causes ?

L'ovaire, pour accomplir régulièrement ses fonctions, doit être normal et intact ; il doit aussi, par ses nombreux vaisseaux, recevoir tous les matériaux nécessaires à sa nutrition et à la formation des ovules. Que l'ovaire soit malade, ou qu'il reçoive pour se nourrir un sang trop pauvre ou trop abondant, sa fonction est troublée.

Ces deux ordres de causes, les unes locales, les autres générales, sont également importantes et méritent une étude attentive.

Causes locales. — Dans quelques cas exceptionnels, l'absence d'ovulation est liée à l'absence de l'organe qui en est le siége. On cite dans la science quelques femmes chez lesquelles les ovaires faisaient absolument défaut. Pour elles, la puberté n'arrive jamais. L'utérus et le canal vaginal sont presque toujours à l'état rudimentaire, les mamelles n'atteignent pas leur développement habituel, il n'y a pas de fluxion menstruelle ; en un mot, ces femmes ne possèdent qu'à moitié les attributs de leur sexe. Néanmoins, la plupart conservent les désirs de la volupté et les sensations spéciales de l'appareil de la génération.

S'il est rare de rencontrer l'absence complète des ovaires, il est beaucoup plus fréquent de les trouver à l'état rudimentaire. Ils ont alors à peine le volume qu'ils atteignent chez la jeune enfant de huit ou dix ans. C'est d'ailleurs le même aspect lisse et grisâtre sans saillies, sans cicatrices. On dirait que, sous une influence inconnue, ils se sont arrêtés dans leur développement. Dans ces cas où les ovaires sont atrophiés, comme dans ceux où ils font tout à fait défaut, l'utérus n'acquiert pas ordinairement son volume normal. Ses parois sont moins épaisses, et, chose curieuse, quand un ovaire est seul atrophié, ce que l'on rencontre quelquefois, l'utérus n'est diminué de volume que du côté correspondant. Alors les ovules peuvent encore arriver dans l'utérus, s'y arrêter s'ils ont été fécondés; mais ils se détachent presque toujours avant le terme de la gestation.

Que les ovaires manquent ou soient atrophiés, pour la femme le résultat est le même : elle ne connaîtra jamais les joies de la maternité; la puberté n'arrive jamais, et la stérilité est irrémédiable.

Il est une autre variété d'atrophie des ovaires qui ne ressemble en rien à celle que nous venons de décrire. Chez l'une, l'ovaire ressemblait à celui de la jeune fille impubère; chez l'autre, il est absolument semblable à celui de la femme qui, arrivée à la ménopause, a perdu toute aptitude à la procréation. L'ovaire est petit, ridé, irrégulier, couvert de cicatrices, il a produit de nombreux ovules; la femme a pu devenir mère, et la voilà, malgré sa jeunesse, inapte à concevoir; elle a 25 ou 30 ans, sa santé est florissante, et pourtant ses ovaires ont 60 ans, ils sommeillent pour toujours. D'où vient cette caducité précoce ? Les savants ont invoqué, pour l'expliquer, des causes très-diverses. Tantôt, c'est la chlorose, la scrofule, la syphilis, le rachitisme ; tantôt, c'est l'abus de l'opium ou des boissons alcooliques ; mais aucun fait positif ne prouve qu'il en soit réellement ainsi. Sans doute, chez les femmes indiennes, la stérilité arrive de très-bonne heure ; mais aussi la puberté est hâtive et il n'existe pas de différence bien frappante sur ce point entre les femmes qui font et celles qui ne font pas un usage habituel de l'opium.

Comme les autres organes de l'économie humaine, les ovaires peuvent être le siége de dégénérescences diverses. Les tubercules, le cancer, les tumeurs fibreuses des ovaires ne sont pas extrêmement rares, et les kystes sont très-fréquents. Ces tumeurs ne siégent pas ordinairement à droite et à gauche en même temps : aussi ne sont-elles pas une cause bien commune de stérilité. Quand elles la provoquent, c'est plutôt en débilitant l'organisme qu'en détruisant l'organe même de l'ovulation. Au reste, cette stérilité est alors un bien plutôt qu'un mal, car une grossesse dans de pareilles conditions ne fait que précipiter la terminaison fatale. Ceci est vrai pour le tubercule et le cancer, comme pour les tumeurs fibreuses à évolution rapide ; mais on a vu des kystes de l'ovaire assez volumineux permettre une heureuse terminaison de la grossesse. Nous avons déjà dit, dans un autre chapitre, que plusieurs femmes ont pu devenir mères après l'ablation d'un ovaire. Il serait superflu d'insister davantage sur le rôle de ces tumeurs des ovaires dans l'étiologie de la stérilité, d'autant plus que ce sont d'assez rares exceptions.

Nous devons nous arrêter plus longuement sur une autre forme d'altération ovarienne qui est infiniment plus fréquente ; nous voulons parler de l'*ovarite*, c'est-à-dire de l'inflammation aiguë ou chronique des ovaires.

Cette inflammation siége rarement des deux côtés à la fois; mais elle peut atteindre successivement l'un et l'autre organe, et dans ces cas, la stérilité est la règle. Il y a donc un immense intérêt à pouvoir reconnaître chez une femme inféconde les signes certains d'une ovarite antérieure.

Une douleur vive qui siége dans les fosses iliaques, douleur qu'exaspère la moindre pression, surtout aux approches de la menstruation, voilà le symptôme le plus essentiel. Une exploration plus attentive permet de constater une tuméfaction et quelquefois une véritable tumeur du côté malade. L'utérus n'est point douloureux, et le toucher vaginal n'éveille de sensations pénibles que dans le cul-de-sac correspondant.

Cette ovarite est produite soit par un refroidissement à l'époque des règles, soit par des excès génésiques, surtout à la période menstruelle, soit enfin par la propagation d'une inflammation de l'utérus et du vagin jusqu'à l'ovaire. Chez les femmes livrées à la débauche, l'ovarite est extrêmement fréquente; c'est elle qui produit ces douleurs que l'on a décrites sous le nom de *coliques* de la prostitution. Les ablutions trop fréquentes, les excès, et surtout la blennorrhagie, sont autant de causes qui permettent d'expliquer, chez ces malheureuses, cette grande fréquence de l'ovarite. A son tour, cette inflammation des ovaires nous explique pourquoi, chez elles, la stérilité se rencontre si souvent.

Une ovarite persiste toujours bien longtemps; malgré les traitements les plus énergiques, l'inflammation aiguë passe à l'état chronique, et chaque congestion menstruelle est l'origine d'une nouvelle exacerbation.

Le repos, la continence absolue, les émollients, les bains, cataplasmes, les antiphlogistiques, sangsues, etc., constituent le meilleur traitement.

Chez les femmes qui n'ont été atteintes que d'un seul côté, l'ovulation s'accomplit régulièrement dans l'organe qui a échappé à l'inflammation. Aussi celles-là ne sont-elles pas nécessairement stériles. Quelquefois même la grossesse exerce une heureuse influence sur la maladie. Pendant le développement de l'enfant dans la matrice, la fluxion *utéro-ovarienne* diminue ou cesse complétement, la menstruation est suspendue, et l'ovaire longtemps en repos peut, sinon revenir à son état normal, du moins arriver à une guérison définitive.

En résumé, l'ovarite double est toujours une cause de stérilité temporaire, et quand elle a duré longtemps, elle peut être l'origine d'une stérilité irrémédiable.

Causes générales. — Dans le cours des maladies graves, la menstruation est presque toujours suspendue, et l'ovaire ne produit pas d'ovules. Ainsi, pendant l'évolution d'une inflammation des poumons, de la plèvre, du péricarde ou de tant d'autres organes, pendant la marche d'une fièvre éruptive, comme la scarlatine, la variole, la rougeole, ou d'un érysipèle, les règles font absolument défaut ou sont beaucoup moins abondantes. Mais si le début de la maladie est proche d'une époque menstruelle, on voit souvent l'hémorrhagie devancer l'heure habituelle. Sous l'influence de la fièvre, la circulation est plus active et la fluxion utérine plus facile ; puis les organes restent temporairement en repos jusqu'à complète guérison. Dans une maladie, c'est un signe de bon augure que l'apparition des règles : personne ne l'ignore ; mais il serait très-imprudent d'en provoquer le retour.

Quand la maladie est chronique, la menstruation peut longtemps persister, et la fécondation est possible. Plus d'une femme devient enceinte malgré des lésions déjà très-avancées. Ici c'est une pauvre phthisique qui tousse depuis longtemps. La grossesse paraît un instant arrêter le cours de la maladie, puis la délivrance arrive, et la pauvre mère succombe après quelques semaines. Là, c'est une femme atteinte d'un cancer du sein. Contre toute espérance, la grossesse arrive à bon terme, mais l'accouchement est laborieux, l'allaitement impossible, et la mort survient. Ces exemples sont des excep-

tions, car en général l'ovulation et la menstruation cessent quand le sang appauvri ne fournit
plus à l'ovaire une nutrition suffisante ; s'il
existe encore, à de longs intervalles, quelques
hémorrhagies, elles sont peu abondantes et n'a-
mènent aucune amélioration à l'état général.

Dans ces cas encore, la stérilité n'est pas un
mal, et la grossesse ne fait que hâter le fatal dé-
nouement.

Quelques auteurs ont prétendu qu'une santé
trop florissante pouvait être parfois une cause
de stérilité. Ils ont cité de nombreux exemples
de femmes qui ne sont devenues mères qu'après
avoir vu diminuer leur embonpoint. Ces faits
sont incontestables, mais il faut savoir leur
donner une juste interprétation.

Quelquefois cette santé florissante n'est qu'apparente, elle se rencontre fort souvent chez
certaines femmes qui souffrent de maladies
graves de l'utérus ; et naturellement, c'est dans
cette lésion utérine qu'il faut chercher l'origine
de la stérilité. Si l'embonpoint est de bon aloi,
si ces riches apparences ne sont pas trompeuses,
l'ovulation a lieu ; mais à chaque époque menstruelle, la fluxion utérine est si active que l'œuf
est entraîné avant qu'il ait pu contracter de

solides adhérences. C'est un accouchement prématuré, ou pour mieux dire un avortement qui s'accomplit dans le premier mois de la grossesse.

Cependant il n'en est pas toujours ainsi. Chez quelques femmes, on ne trouve ni affection utérine ni métrorrhagie, et pourtant il n'y a pas de grossesse. Que leur régime soit modifié, qu'une maladie même vienne altérer leur santé, ces femmes, qui étaient stériles, deviendront fécondes. Il existe là une influence qui nous est encore inconnue, mais que l'on ne saurait révoquer en doute. Les éleveurs d'ailleurs ont fait depuis lonptemps de pareilles observations.

A ce point de vue, Cabanis a pu dire, avec quelque apparence de vérité, que la faiblesse de la femme était une condition favorable à la fécondation.

CHAPITRE XII

Stérilité par défaut d'imprégnation.

Quelle que soit la vitalité de l'ovule, il est incapable d'arriver par lui seul à son complet développement ; il meurt, s'il ne reçoit pas une activité nouvelle par l'imprégnation spermatique. Cette imprégnation elle-même ne peut s'accomplir que peu de temps après la chute de l'œuf ; celui-ci, arrivé dans l'utérus, a déjà des parois trop résistantes pour donner libre accès aux spermatozoïdes. Quand les rapports sexuels n'ont lieu qu'à une époque assez éloignée de la période menstruelle, toute fécondation est à peu près impossible, l'ovule est arrivé dans la matrice ou même est déjà tombé au dehors. Ce sont là des notions vulgaires, qui aujourd'hui contribuent plus qu'on ne le croit à limiter l'accroissement rapide des populations. Cette stérilité relative, stérilité volontaire, ne doit pas nous occuper ici ; nous ajouterons cependant qu'il existe quelques exemples authentiques de grossesse survenue assez longtemps après la menstruation ; il faut admettre, dans ces cas, que les rapports sexuels ont hâté la chute de l'ovule sans provoquer le flux menstruel. Chez les animaux, des faits semblables sont souvent constatés ; vivant au contact des mâles, les femelles ont une ovulation beaucoup plus active.

Abstraction faite des obstacles qui, par l'époux ou l'épouse, sont volontairement opposés à la fécondation, il est des causes nombreuses qui peuvent empêcher les spermatozoïdes et l'ovule de se mettre physiologiquement en contact. Quelquefois, l'ovule échappé de la vésicule de Graaf n'est point recueilli par le pavillon de la trompe de Fallope, soit parce que celle-ci n'a pas des franges bien développées, ce qui est rare, soit surtout parce que, sous l'influence d'une inflammation antérieure, *pelvi-péritonite*, *hématocèle*, *péri-métrite*, elle a contracté des adhérences avec les organes voisins. Mais si le canal tubaire est resté perméable, on comprend que les éléments spermatiques puissent arriver jusqu'à l'ovaire et féconder l'ovule. Ce serait là, peut-être, une des causes encore si obscures de ces grossesses extra-utérines, à terminaison presque toujours fatale. Mais la plupart de ces grossesses anormales prennent naissance dans l'intérieur même de la trompe de Fallope, ce qui ferait croire que l'œuf fécondé est arrêté dans sa marche et ne peut arriver jusqu'à la matrice. Est-il vrai qu'une émotion violente pendant ou peu après la fécondation puisse en être la cause? Les faits cités ne sont encore ni assez nombreux ni assez concluants pour permettre de l'affirmer.

Les obstacles mécaniques à la fécondation ont bien plus souvent leur siége dans l'utérus. Nous savons déjà qu'il peut être atrophié en totalité ou en partie, qu'il peut même faire complétement défaut, quand les ovaires n'existent pas ou ont subi un arrêt de développement. Mais il peut être le siége de déformations tout à fait indépendantes. On relate dans la science plus de 150 exemples d'absence complète de la matrice, et les arrêts de développement sont encore bien plus nombreux.

Dans tous ces cas, la menstruation faisait défaut ; mais il existait parfois une congestion périodique de la muqueuse vaginale, qui pouvait aller jusqu'à l'hémorrhagie, hémorrhagie d'ailleurs toujours très-peu abondante.

Cette absence de menstruation se rencontrait aussi dans les cas où la matrice existait, mais ne présentait aucune cavité; ces faits sont rares, et il serait superflu d'insister longuement. Ce qui est plus fréquent, c'est l'oblitération congénitale ou acquise de l'orifice du col. Congénitale, elle ne permet guère d'espérer une guérison; il faut beaucoup d'audace pour se décider à une opération grave qui est rarement couronnée de succès. Il est permis d'espérer davantage lorsque l'oblitération est consécutive à des lésions souvent produites par un accouchement antérieur, car alors on peut affirmer que la cavité de l'utérus existe et que les parois de l'organe ne sont pas atrophiées. L'atrophie arrive, en effet, bien rarement après une grossesse, et alors même qu'elle existe, elle n'est pas absolument incurable.

L'orifice ou la cavité du col de l'utérus peut encore être oblitérée ou rétrécie par des maladies que nous avons signalées plus haut : le corps de l'organe s'infléchit sur le col, soit en avant, soit en arrière, et forme ainsi un angle avec lui. Cette disposition rend difficile non-seulement la pénétration de la liqueur spermatique, mais aussi l'écoulement du sang menstruel. Nous l'avons dit, cette lésion est comme une des causes les plus fréquentes de la *dysménorrhée*.

Les corps fibreux de l'utérus ne sont un obstacle à la fécondation que quand ils ont pris un certain développement. S'ils font saillie dans la cavité du corps ou du col de l'utérus, il n'est cependant pas nécessaire qu'ils atteignent un volume bien considérable, d'autant plus qu'ils peuvent être souvent l'origine de graves métrorrhagies. Si la fécondation a lieu dans de pareilles conditions, il ne faut guère espérer voir la grossesse arriver à bon terme.

Des polypes de la matrice, un cancer de l'organe, ne sont pas non plus des obstacles absolus à la fécondation. On a vu, malgré des lésions assez avancées, plusieurs femmes cancéreuses arriver heureusement à la fin de la grossesse. Est-il besoin de dire que ces cas sont de rares exceptions, et que l'accouchement est toujours très-laborieux ? Mieux vaut pour la femme la stérilité irrémédiable qu'une grossesse dans une pareille situation.

Chez quelques femmes, le col de l'utérus a un volume énorme, il est surtout allongé et fait saillie dans la cavité vaginale. Cet allongement hypertrophique est une cause assez fréquente de stérilité. On le conçoit facilement, la liqueur spermatique est portée dans les culs-de-sac vaginaux, qui sont alors beaucoup plus profonds, et ne se trouve pas en rapport avec le col de la matrice.

L'amputation de ce col hypertrophié a été pratiquée plus d'une fois par les chirurgiens avec un plein succès; non seulement ils ont vu disparaître les accidents provoqués par cette hypertrophie, mais les femmes ont pu devenir mères. Si dans ces cas, il n'existait pas d'autres accidents que la stérilité, on pourrait n'avoir point recours à une si grave opération, et le médecin pourrait aider les époux de ses conseils.

Parfois le col est le siége d'une autre malformation ; il n'est pas volumineux et hypertrophié ; il est, au contraire, plus petit et conique. Comme l'orifice se trouve au sommet du cône, on comprend qu'il se trouve plus difficilement en contact avec les éléments actifs du liquide spermatique. Cette difformité fort légère permet d'espérer une grossesse, quoique un peu plus tard la fécondation n'en a pas moins lieu ; si elle se faisait trop longtemps attendre, il serait toujours bien facile d'y remédier, comme nous le dirons dans le chapitre suivant.

A côté de ces difformations du col, il faut signaler les déplacements de l'utérus qui sont incontestablement plus communs et sont aussi plus souvent cause de la stérilité. Que le col de la matrice se porte en arrière comme dans l'antéversion, qu'il se porte en avant comme dans la rétroversion, il se trouve toujours en rapport avec la muqueuse vaginale, il prend appui sur elle, et alors son orifice est nécessairement fermé ; comme dans les cas précédents, il ne peut donner accès au fluide séminal. Dans ces cas encore, il est toujours permis de promettre le succès.

Les obstacles peuvent siéger non-seulement dans l'utérus, mais aussi dans le canal vaginal. Nous nous hâtons de dire cependant que ce n'est pas là qu'il faut chercher habituellement la cause de la stérilité.

L'adhérence des grandes lèvres est rare, il en est de même de la réunion des petites lèvres. Disons en passant que chez certaines peuplades d'Afrique, une coutume barbare veut que chez la jeune fille on pratique, dès le berceau, la réunion des petites lèvres, en laissant un orifice étroit pour l'écoulement du sang menstruel. Au jour du mariage, c'est avec le tranchant de son poignard que le mari déflore son épouse.

Quand cette adhérence des lèvres existe, elle est constatée de bonne heure, et si une opération est possible, elle a été pratiquée dès le jeune âge.

La bifidité du vagin, très-exceptionnelle aussi, peut suivant sa forme provoquer ou non la stérilité. Si elle existe seule, il est facile d'y remédier ; mais en général, en présence de malformations des organes génitaux externes, il faut toujours craindre qu'il existe des malformations dans les organes profonds.

Des lésions cicatricielles du vagin peuvent être la cause de stérilité, en empêchant les rapports sexuels. Des déchirures antérieures, des opérations de fistules, des injections trop astringentes, en sont les causes les plus communes. C'est seulement en présence de chaque cas en particulier qu'il est possible d'indiquer un traitement. Des incisions, et surtout la dilatation avec l'éponge préparée, peuvent être très-utiles ; mais en présence d'une grossesse, il faut toujours penser à l'accouchement, et dans de pareilles conditions, il doit être très-laborieux et menacer toujours l'existence de la mère.

Il existe une autre forme de stérilité, qui n'est point liée à des lésions de l'appareil sexuel, mais à des troubles de sécrétion.

Si les cellules actives qui constituent la partie essentielle du liquide spermatique ne se trouvent point placées dans un milieu favorable, elles ne tardent pas à devenir absolument inertes et à perdre ainsi toute leur puissance de fécondation.

Les physiologistes ont fait sur ce point des remarques fort curieuses; ils ont vu que l'eau froide faisait mourir en quelques instants les zoospermes, que l'eau légèrement acidulée agissait plus vite encore. Par contre, le mucus vaginal normal, le sang menstruel n'ont aucune action. A la température de 38 à 40 degrés centigrades, les spermatozoïdes peuvent, dans ces derniers liquides, conserver leur activité pendant plusieurs heures et même plusieurs jours. Mais que, sous certaines influences pathologiques encore mal connues, soit que le mucus vaginal devienne trop acide, soit que le sang menstruel prenne une trop grande alcalinité, les cellules spermatiques à peine arrivées dans le canal vaginal cesseront de vivre, et toute fécondation sera dès lors absolument impossible. Chez cer-

taines femmes, cet état peut persister fort longtemps, et si le traitement n'intervient pas, la
stérilité ne cessera jamais. Chez quelques autres,
cette sécrétion peut être produite par une inflammation de la muqueuse vaginale, et surtout
de la muqueuse utérine. Hâtons-nous de dire
que le plus grand nombre des vaginites ou des
métrites ne produisent point un tel résultat. Elles
provoquent assez rarement la stérilité, et dans ces
cas encore, il faut voir s'il n'y a pas lieu d'accuser
la congestion utérine trop active, les ménorrhagies
ou les métrorrhagies, voire même ces sortes de
bouchons muqueux ou muco-purulents qui obli-
tèrent plus ou moins le col de l'utérus. Les cas
les plus simples en apparence sont souvent difficiles en réalité : c'est pourquoi le médecin prudent ne se hâte point de promettre le succès
avant d'avoir procédé à un examen attentif ; c'est
pourquoi l'épouse vraiment désireuse d'être
mère doit accorder au médecin toute sa confiance et répondre à toutes ses questions, lui
donner en un mot tous les moyens de s'éclairer.

CHAPITRE XIII

Moyens de reconnaître la cause de la stérilité. —
Traitement variable suivant les cas.

Les causes de la stérilité sont si variables qu'il serait fort difficile de s'orienter dans un pareil dédale, si l'on n'avait soin de procéder avec ordre et de diriger sagement les investigations. Pour le vulgaire, tous les cas sont semblables, et en effet les différences ne sont pas bien frappantes au premiera spect. Tantôt, c'est une jeune épouse qui, après avoir attendu durant quelques années, vient, les larmes aux yeux, demander à la science si elle peut encore espérer. Tantôt, c'est une jeune femme qui a déjà connu les joies de la maternité, qui en a connu aussi les douleurs, car elle a perdu son unique enfant; malgré sa santé, sa jeunesse et ses désirs, elle ne peut remplacer au foyer celui qui n'est plus : elle veut savoir pourquoi.

Comment leur répondre?

Il est prudent d'examiner tout d'abord quel est l'état habituel de sa santé et comment s'accomplit la menstruation. N'existe-t-il pas d'anémie, pas de chlorose? Et nous savons qu'il ne faut pas se laisser égarer par de trompeuses apparences. N'existe-t-il pas d'accidents nerveux? Les accidents hystériques sont fréquents chez la femme, et ils peuvent revêtir les formes les plus diverses; il importe d'insister beaucoup sur ce point, car ils sont assez souvent liés à des troubles de l'appareil sexuel. Quand ils n'ont pas cette origine, ils sont encore dignes d'intérêt; il faut penser à l'épouse, avant de songer à l'enfant : mieux vaut la stérilité qu'une grossesse dans de fâcheuses conditions.

Toute affection plus ou moins grave des appareils digestifs ou pulmonaires, alors même qu'elle n'a aucun rapport de causalité avec la stérilité de la femme, mérite toujours d'être prise en sérieuse considération. Pour n'en citer qu'un exemple, ne serait-il pas imprudent, coupable même de désirer une grossesse chez une jeune femme menacée par une phthisie pulmonaire au début? Ne faudrait-il pas craindre de voir la mère succomber après la délivrance, quand elle aurait pu guérir sans cette malheureuse grossesse ?

Mais s'il ne faut négliger l'examen d'aucun appareil, d'aucun organe, c'est surtout vers l'appareil génital qu'il importe de fixer toute son attention. Dans l'immense majorité des cas, huit ou neuf fois sur dix, c'est là qu'est la cause de la stérilité, c'est là qu'est la solution du problème. Comment cet appareil accomplit-il sa fonction? quelle est la menstruation? Si elle est régulière, normale, on peut espérer que les organes sexuels sont normaux, surtout s'il n'existe aucun écoulement pathologique. Néanmoins, l'exploration peut seule éclairer le diagnostic avec certitude, car la conicité du col de la matrice, l'hypertroph'e totale ou partielle de celui-ci, peuvent fort bien ne provoquer aucun symptôme. Si donc l'exploration est utile en pareil cas, elle est non moins nécessaire quand il existe des troubles menstruels (dysménorrhée, ménorrhagie, métrorrhagie) ou des écoulements pathologiques, quand surtout la menstruation fait défaut. Alors il ne faut négliger aucun détail.

Comment sont conformés les organes génitaux externes? Les petites lèvres, le clitoris ne sont-ils pas anormalement développés? Le canal vaginal peut-il facilement permettre les rapports sexuels?

N'existe-t-il pas de cloisonnement, de brides, de cicatrices, de contractures, d'ulcérations? Les culs-de-sac vaginaux n'ont-ils pas trop de profondeur? Tous ces minutieux détails ont leur importance. On ne devrait même pas négliger les organes voisins, puisque Balher Brown admet que la stérilité peut être provoquée par une lésion en apparence insignifiante. Il a vu cette stérilité disparaître après la guérison d'hémorrhoïdes, de fistules, de fissures à l'anus, etc. C'est seulement après cet examen préalable qu'il est permis de toucher et de voir l'utérus et son col.

Quant à la perméabilité du col et à la cavité de l'utérus, pour s'en rendre compte on a recours au cathétérisme, qui est sans danger, mais à la condition d'être pratiqué avec une très-grande habileté et avec prudence. Par le cathétérisme on reconnaît la profondeur de la cavité utérine, sa longueur, quand le canal cervical a permis d'atteindre le fond de l'organe. Assez souvent on est arrêté, dès le début, soit par une tumeur, soit surtout par une flexion du col de l'utérus sur le corps ; alors, il est sage de s'arrêter et d'interroger le toucher vaginal, voire le toucher rectal ou surtout les symptômes accusés par la malade, etc.

10.

Reconnaître l'oblitération des trompes de Fallope est impossible, mais une pelvipéritonite antérieure, une ovarite, peuvent y faire songer; nous savons (voir plus haut) par quels signes se traduisent ces inflammations.

Un examen aussi attentif nous donne certainement la clef des troubles menstruels lorsqu'ils existent, mais nous dévoilera-t-il la cause de la stérilité? Guérir l'affection utérine, remédier, si possible, à la déformation et attendre, voilà le plus sage conseil, le plus sage précepte.

Si l'on ne constate aucune lésion, aucune modification des liquides sécrétés, aucune maladie générale, là encore il faut attendre.

Toute espérance n'est point perdue si la menstruation s'accomplit; mais dans le cas contraire, espérer serait se bercer d'illusions. Si Rondelet, Joubert, Colombat, Barbieri, et *tutti quanti*, ont vu, dans des cas semblables, survenir la grossesse, ce sont de rares, de très-rares exceptions sur lesquelles il ne faut jamais compter.

Cette étude de la stérilité, quelque incomplète qu'elle soit, suffit à démontrer qu'il est peu de questions aussi difficiles et aussi complexes. La stérilité n'est pas une maladie, c'est le résultat, la conséquence de maladies nombreuses, de déformations diverses; on ne guérit donc pas la stérilité, mais la maladie, la déformation qui en est la cause. C'est assez dire que nous ne voulons pas examiner en détail le traitement à suivre dans chaque cas en particulier : ce serait entreprendre le traitement de toutes les maladies locales ou générales qui atteignent spécialement la femme. Nous saurons donc rester dans les généralités utiles, nécessaires à connaître.

Si la stérilité est provoquée par une santé défectueuse qui empêche ou trouble l'ovulation, c'est à la maladie qu'il faudra remédier par un traitement convenable. La jeune femme est-elle chlorotique, par exemple : le fer, les toniques, le grand air feront bien vite reparaître la menstruation, et avec elle la fécondité. Est-elle nerveuse, un peu hystérique : les grands bains souvent répétés, les brômures alcalins, le brômure d'ammonium, peuvent, par exemple, rendre de très-grands services.

Si, au contraire, la stérilité dépend d'une affection chronique de l'utérus ou des ovaires, il faudra attendre bien longtemps avant de pouvoir espérer une guérison définitive. Nous savons déjà combien peu il faut espérer après une ovarite double, après une atrophie utérine. Assurément l'électricité, les rapports sexuels fréquents ont pu parfois rendre à l'utérus son activité, son volume ; mais à côté de quelques succès, combien d'insuccès !...

S'il y a simple métrite, la guérison est presque certaine, et souvent une grossesse survient avant la fin de la guérison ; loin de s'en effrayer, il faut s'en réjouir, car une bonne grossesse met bien des fois un terme aux longues souffrances des malades.

Si la stérilité est le simple résultat d'une modification dans l'acidité ou l'alcalinité du mucus vaginal, la guérison est rapide, certaine. Quelques injections tièdes avant les rapports sexuels constituent tout le traitement, qui, malgré sa simplicité, est toujours efficace.

Quand enfin la conicité, l'hypertrophie du col, les déplacements de l'utérus, la profondeur des culs-de-sac vaginaux, etc., peuvent être seuls mis en cause, il est souvent facile d'y remédier, même sans opération. Il suffit de conseiller aux époux les attitudes les plus favorables dans l'accomplissement des rapports sexuels. Un médecin doit tout dire et tout oser dans ce cas, car la jeune femme qui veut être mère, fût-ce au prix de sa vie, ne sait pas rougir d'une fausse pudeur.

C'est le moment de placer ici un mode de traitement qui a fait grand bruit à une certaine époque et qu'on a décoré du nom de *fécondation artificielle*.

Quand, par un vice de conformation des organes génitaux de l'homme, ou par une de ces déformations ou de ces déplacements de l'utérus que nous avons décrits plus haut chez la femme, la liqueur spermatique ne peut arriver jusque sur l'orifice du col de la matrice, des médecins ont proposé d'y remédier en portant artificiellement dans l'utérus le fluide séminal. Celui-ci est recueilli dans le canal vaginal immédiatement après un rapprochement de l'époux et injecté aussitôt dans le col de l'utérus avec une petite seringue en verre ou en argent. L'opération est des plus simples, elle est sans danger, elle peut être couronnée de succès ; mais on comprend bien qu'elle ne puisse entrer avant longtemps dans la pratique, on comprend qu'elle ne soit acceptée par les époux qu'avec une extrême répugnance, même avec la certitude du succès.

Faut-il revenir encore sur le traitement de la stérilité provoquée par le vaginisme ? Une dilatation brusque du canal vagina fait bien vite disparaître la constriction douloureuse du sphincter, fait bien vite cesser aussi la stérilité en permettant les approches sexuelles.

A la stérilité nous pouvons appliquer cette maxime : *Sublatâ causâ, tollitur effectus.* Et si la stérilité survient sans cause appréciable? La femme changera son mode d'existence, elle suivra un régime en rapport avec sa santé et son embonpoint. Les bains de mer rendent de grands services ; il en est de même des saisons aux eaux, des longs voyages, des séjours prolongés à la campagne.

Parfois, chez une femme longtemps stérile, une grossesse survient, à sa grande joie, sans qu'on puisse savoir sous quelle heureuse influence ; chez d'autres, cette grossesse arrive après des émotions morales très-vives, émotions heureuses ou pénibles ; chez quelques-unes, enfin, la stérilité cesse au moment où s'éveillent les sensations voluptueuses, quoique ces sensations ne soient en rien liées à la fécondation.

Dans tous les cas, il ne faut jamais oublier que les quelques jours qui suivent la menstruation sont les plus favorables, souvent les seuls favorables à la fécondation. Quelques époux l'ignorent. C'est en conseillant des rapports sexuels pendant la menstruation qu'un médecin put assurer l'hérédité de la couronne d'un roi de France.

CHAPITRE XIV

Des parties de la femme qui ont rapport à l'accouchement en général.

Avant de nous occuper des premiers signes de la grossesse, nous étudierons presque minutieusement le *bassin* et ses *adhérences*, pour nous donner ainsi une juste idée des périlleuses fonctions de la maternité ; nous saurons apprécier par nous-même si les joies et les douleurs de la maternité sont permises ou défendues à nos enfants par la bonne ou mauvaise structure du bassin.

Les parties de la femme qui ont rapport à l'accouchement peuvent se diviser en parties *dures* et en parties *molles*.

Le bassin, formé des parties dures, est recouvert intérieurement et extérieurement des parties molles auxquelles il sert d'appui ; il contribue toujours, par sa bonne ou mauvaise conformation à faciliter l'accouchement ou à le rendre laborieux et quelquefois impraticable par la voie naturelle.

Le premier soin de la mère est de faire procéder à l'examen de la structure du bassin par un homme de l'art, afin qu'éclairée par ses connaissances, elle puisse être sans inquiétude : alors elle connaîtra la nature et les degrés de difformité de cette partie, qui l'obligeront à employer tous les moyens pour détourner sa fille du mariage. Le bassin, considéré dans son ensemble, privé des parties molles, est une espèce de charpente osseuse, qui représente une cavité de forme conique, dont la base est en haut, le sommet en bas, composé chez l'adulte de quatre os : trois, très-grands, sont les deux *iliaques* et le *sacrum ;* le quatrième, plus petit, se nomme *coccyx*.

L'os iliaque est très-irrégulier et large, il occupe la partie latérale et antérieure du bassin ; dans l'enfance, cet os, n'ayant pas encore acquis le degré d'ossification qui lui est propre chez l'adulte, peut être séparé en trois pièces : une, supérieure, est nommée l'*ilion ;* la seconde, inférieure et postérieure, *ischion ;* la troisième, antérieure, est connue sous le nom de *pubis.*

11

L'ilion, la plus grande des trois pièces qui composent l'os iliaque, de forme irrégulière, est situé sur le côté du bassin ; on peut y distinguer une base, une crête, deux faces, une interne et l'autre externe, deux bords, l'un antérieur et l'autre postérieur.

La base de cet os est la partie la plus inférieure, très-étroite et épaisse ; elle est évasée pour former la partie supérieure de la cavité cotyloïde, où cet os s'unit avec l'ischion et le pubis.

La crête forme un bord épais, inégal, convexe, contourné en contre-sens par ses deux extrémités, de manière qu'il représente une *S* italique.

Une espèce d'angle ou de ligne presque tranchante dans les deux tiers postérieurs de son étendue, plus arrondie dans le reste de sa longueur, coupée obliquement de haut en bas, de derrière en avant de la face interne de l'ilion, la divise en deux parties, dont une supérieure très-large, lisse, légèrement concave, forme la fosse iliaque, et l'autre inférieure présente en arrière une tubérosité très-prononcée, où se trouvent de fortes insertions ligamenteuses ; un peu plus en avant, on y voit une surface inégale, raboteuse, oblique, plus large à la partie supérieure qu'à l'inférieure, articulée avec le sacrum ; le reste de la face interne de l'ilion fait partie de la marge et de la cavité du bassin, et décrit une très-petite portion d'arc.

La face externe est convexe antérieurement, concave à sa partie postérieure très-irrégulière.

Au bord antérieur s'élèvent deux éminences, dont une supérieure et l'autre inférieure, nommées *épines antérieures de l'ilion.*

Le bord postérieur de cet os présente deux épines, au-dessous desquelles on observe une échancrure fort profonde, qui concourt à former l'échancrure sacro-sciatique.

L'ischion, seconde pièce de l'os iliaque, est irrégulier, situé presque perpendiculairement au-dessous de l'ilion ; on y considère ordinairement un corps et une branche, qui ont chacun deux faces et deux bords.

Le corps est creusé à sa partie supérieure pour concourir à la formation de la cavité cotyloïde, où il s'unit avec la base de l'ilion et du pubis ; sa partie inférieure termine une éminence très-épaisse, arrondie, qui porte le tronc quand on est assis, nommée la *tubérosité de l'ischion.*

La face interne ou pelvienne est lisse, unie ; l'externe, latérale, est inégale.

Des bords, l'un est postérieur et se jette en arrière, un peu obliquement et en bas, en une éminence aplatie, courte, pyramidale, nommée *épine sciatique*, au sommet de laquelle se fixe le petit ligament sacro-sciatique ; l'autre antérieur, de figure semi-lunaire, concourt à former le trou ovalaire.

La branche de l'ischion s'élève intérieurement de la partie inférieure et antérieure de la tubérosité, elle est plate ; de ses faces, l'une est externe antérieure, l'autre interne pelvienne, très-unie et égale. Quant à ses bords, l'un est raboteux, épais et concourt à la formation de l'arcade du pubis, ou à la grande échancrure qui se voit en bas du bassin antérieurement ; l'autre mince, tourné vers le trou ovalaire.

Cette branche se termine en s'unissant à une semblable du pubis vers le milieu de la hauteur du trou ovalaire.

L'os du pubis forme dans son ensemble la partie antérieure du bassin, il se divise comme l'ischion en corps et en branche.

Le corps transversalement situé a deux extrémités : une latérale interne, l'autre antérieure, et une partie moyenne.

L'extrémité latérale, qui est la plus épaisse,

est creusée pour concourir à la formation de la cavité cotyloïde; c'est là que cet os s'unit avec sa partie supérieure à l'ilion, inférieurement à l'ischion.

L'antérieure présente une surface perpendiculaire, oblique, elliptique, rugueuse, quelquefois lisse en arrière, longue, qui va s'unir à l'os opposé, pour former l'articulation pubienne.

La partie moyenne presque triangulaire présente trois faces, dont une supérieure, l'autre antérieure, et la troisième interne ou pelvienne. De ces angles, un est supérieur, interne, tranchant, et fait partie de la marge du bassin ; le second est externe et arrondi ; le troisième semi-lunaire forme une portion du trou ovalaire.

La branche descendante à l'extrémité antérieure du corps de l'os pubis est aplatie d'arrière en avant, assez large à sa partie supérieure, plus étroite à son extrémité. Elle se trouve comme tordue sur elle-même de l'intérieur du bassin au dehors, de sorte qu'un de ses bords est presque antérieur, raboteux, épais, faisant partie de l'arcade du pubis; l'autre postérieur, mince, échancré, contribue à la formation du trou ovalaire.

Cette branche ne descend pas perpendiculairement à l'horizon, elle s'incline constamment vers le trou ovalaire, beaucoup plus chez la femme que chez l'homme, ce qui rend chez la première l'arcade du pubis plus large.

Trois points d'ossification servent au développement de l'os iliaque et le séparent primitivement en trois portions : un se manifeste à sa partie supérieure, c'est-à-dire à l'ilion ; un autre paraît à la tubérosité de l'ischion, et le troisième à l'angle du pubis, ce qui a donné l'idée aux anatomistes de décrire séparément les trois parties qui le composent, non pour les considérer comme l'assemblage de trois os isolés, mais pour avoir plus de facilité à en donner une idée claire et exacte.

La réunion de ces trois pièces a lieu, comme nous l'avons dit : pour le pubis et l'ischion, au milieu de la lame osseuse formée par leurs branches qui borne antérieurement et intérieurement le trou ovalaire ; pour le pubis et l'ilion, à la cavité cotyloïde ; pour l'ilion et l'ischion, à cette même cavité, laquelle est, comme l'on voit, le point principal de réunion.

Le sacrum, os symétrique de figure triangulaire pyramidale, dont la base est supérieure et la pointe inférieure, est situé à la partie postérieure du bassin, recourbé inférieurement en avant ; les anatomistes ordinairement le divisent en face pelvienne, spinale, vertébrale, coccygienne, et en deux bords latéraux.

La face pelvienne ou antérieure décrit une courbe de la profondeur d'environ un centimètre et demi, elle correspond spécialement au rectum. Quatre rainures transversales saillantes y séparent des surfaces quadrilatères légèrement concaves, et vont aboutir de chaque côté à autant de trous nommés *sacrés*.

La face spinale ou postérieure est convexe, très-inégale, hérissée d'une infinité d'éminences, qui décroissent en nombre à mesure qu'elles approchent de la partie inférieure de cet os, où elles se terminent en une espèce de gouttière fermée par le ligament sacro-coccygien postérieur. De chaque côté et dans toute sa hauteur, on y voit un enfoncement raboteux, qui sert d'insertion à des ligaments, lesquels vont aux os iliaques.

A la partie moyenne de la face vertébrale ou supérieure, on observe une facette ovalaire, obliquement taillée comme celle de la dernière vertèbre lombaire avec laquelle elle s'unit ; vers le bord postérieur de cette facette, s'élèvent deux éminences, une à droite et l'autre à gauche, nommées *apophyses articulaires*, qui se lient avec des semblables de la dernière vertèbre.

La face coccygienne est la moins étendue, elle forme une petite facette ovalaire qui se joint au coccyx. Chaque bord présente en haut une surface rugueuse irrégulière, plus large dans sa partie supérieure que dans l'inférieure, obliquement taillée de haut en bas, de dehors en dedans et d'avant en arrière ; elle s'articule avec une semblable de l'os iliaque par le moyen d'une substance cartilagineuse. En bas ce bord est terminé par des inégalités qui servent à l'attache du ligament sacro-sciatique.

Le sacrum, très-épais vers sa partie supérieure, s'amincit vers son inférieure. Sa structure est formée de cellules dans son intérieur ; une lame légèrement compacte, très-mince, se rencontre au dehors.

Le coccyx est un os symétrique, sa figure approche beaucoup de celle du sacrum ; recourbé comme lui en avant, il occupe la partie postérieure et inférieure du bassin ; on le divise ordinairement en faces spinale, pelvienne, sacrée, et en bords latéraux.

La face pelvienne ou antérieure est concave ;

traversée comme le sacrum par des rainures, elle correspond au rectum.

La face spinale ou postérieure est convexe, inégale pour l'insertion du ligament sacro-coccygien.

La face sacrée présente une surface concave articulée avec le sacrum.

Les bords sont inégaux pour l'insertion des petits ligaments sciatiques ; ils se réunissent en bas à un angle souvent inégal, quelquefois bifurqué, où s'attache le releveur de l'anus.

Le coccyx, presque tout celluleux, composé presque toujours de trois pièces, s'ossifie assez tard : ces pièces, qui restent très-longtemps isolées, finissent par se confondre en une seule à un certain âge, laquelle souvent encore s'unit avec le sacrum.

Tous les os qui forment le bassin sont maintenus entre eux par des cartilages et des ligaments très-forts, et quelques-uns mêmes concourent à former la cavité du bassin.

L'articulation des os pubis se fait par le moyen de deux surfaces ovalaires, que les os iliaques se présentent réciproquement en avant ; à ces surfaces s'attachent un grand nombre de fibres inter-articulaires, qui, passant de l'une à l'autre, servent à les unir ; plus denses, plus serrées et plus multiples chez l'homme que chez la femme, ces fibres forment des lames concentriques qui s'entre-croisent et dont les plus superficielles font le tour de l'articulation, tandis que les autres n'occupent que les moitiés supérieures et inférieures. La partie postérieure de ces surfaces articulaires se trouve presque dépourvue chez la plupart des sujets, chez les femmes surtout; elle présente deux petites facettes cartilagineuses, lisses, polies, contiguës, humides d'une espèce de fluide blanchâtre ou jaunâtre, qui remplit leur intervalle.

La largeur de ces facettes cartilagineuses est très-variable chez les femmes; quelquefois elles occupent presque toute l'étendue des surfaces articulaires; alors les fibres inter-articulaires diminuent et *vice versa*. Cette articulation se nomme *pubienne*.

Il paraît que c'est suivant l'un ou l'autre cas que l'articulation pubienne est plus ou moins assujettie. Deux ligaments affermissent cette articulation : l'un est inférieur, et l'autre antérieur.

Le ligament inférieur sous-pubien est un faisceau très-épais, très-distinct, de forme triangulaire, occupant le haut de l'arcade pubienne qu'il complète, fixé de l'un à l'autre côté à la partie supérieure et interne des deux branches obliques de cette arcade.

Les fibres, assez longues en bas, répondent aux tissus cellulaires ; très-courtes en haut, elles se continuent avec les fibres et les lames inter-articulaires.

Le pubien antérieur n'est pas aussi distinct que le précédent ; entre-croisé en avant et recouvert par les aponévroses des muscles abdominaux, il présente divers plans qui viennent, les uns, de la partie supérieure et de la face interne des branches pubiennes, pour se confondre et s'entre-croiser extérieurement à l'articulation ; les autres plans, au contraire, qui ont une direction transversale ou très-oblique, sont beaucoup plus forts, passent d'un os iliaque à l'autre, et vont se confondre profondément avec les lames de l'articulation.

Le sacrum et les os iliaques présentent réciproquement des surfaces inégales, taillées en plan incliné, plus large en haut qu'en bas, encroûtées d'un cartilage articulaire qu'on croit simple ou unique au premier abord, mais qui, examiné avec soin, paraît manifestement double.

Celui qui appartient au sacrum a un peu plus d'épaisseur ; tous deux sont rugueux et séparés par une substance molle, jaunâtre, humectée d'un peu de synovie. Cette articulation est dépourvue des fibres et lames inter-articulaires que l'on observe à la pubienne, de sorte qu'elle tient toutes ses forces des nombreux ligaments qui l'entourent. Les liens qui affermissent cette articulation sont deux ligaments sacro-sciatiques, antérieurs et postérieurs, un sacro-épineux, un sacro-iliaque et diverses fibres irrégulières.

Le ligament sacro-sciatique postérieur est le plus considérable, de forme à peu près triangulaire, mince, aplati ; situé à la partie inférieure et postérieure du bassin, il naît de l'extrémité postérieure et externe de la crête iliaque ; des côtés, il est de quelque irrégularité à la partie postérieure du sacrum et du coccyx, ensuite il se dirige obliquement en dehors et en bas : ce ligament, fort large en arrière, diminue, et son épaisseur augmente proportionnellement à mesure qu'il s'approche de la partie interne de la tubérosité sciatique, où il se termine en s'élargissant de nouveau. Il fournit en cet endroit un petit prolongement falsiforme, qui, côtoyant la partie interne de la branche du même os, se prolonge jusque vers son extrémité, où il finit en pointe.

Le sacro-sciatique antérieur est plus petit que le postérieur, en avant duquel il se trouve; sa forme est presque la même, sa direction moins oblique, ses insertions confondues avec les siennes, à l'exception qu'elles se font plus antérieurement et sur les côtés du sacrum et un peu sur celles du coccyx; de là, il se porte en dehors et en avant pour s'insérer, en se rétrécissaut et en devenant plus épais, au sommet de l'épine sciatique. Les fibres de ce ligament, ainsi que celles du précédent, sont souvent séparées en plusieurs faisceaux distincts laissant toujours entre elles des espaces cellulaires et vasculaires. En avant, vers leur extrémité, ces ligaments laissent entre eux un espace triangulaire.

Le sacro-épineux, situé en arrière, forme un faisceau très-épais, qui est long, aplati, fixé d'une part aux épines postérieures de l'os iliaque, d'autre part sur la partie latérale et postérieure du sacrum au niveau du quatrième trou sacré. Ce ligament, en passant sur l'articulation, la fortifie et concourt à maintenir les deux surfaces presque immobiles dans leur état naturel.

Le sacro-iliaque est formé par un assemblage

extrêmement épais, irrégulier, de fibres denses, courtes, serrées, qui occupent l'espace irrégulier que laissent entre eux le sacrum et l'iliaque derrière leurs surfaces articulaires ; il s'attache aux deux premières éminences, qui se trouvent latéralement à la face épineuse du sacrum, à l'espace qu'il y a entre ces éminences et la surface cartilagineuse qui est plus en avant, et de là il se porte à la tubérosité interne de l'iliaque qui est raboteuse, extrêmement inégale et à laquelle il se fixe : c'est l'articulation nommée *sacro-iliaque*.

L'articulation sacro-vertébrale se fait : 1° par deux surfaces transversalement oblongues qui se présentent réciproquement la dernière vertèbre et le milieu de la base du sacrum, unies par un fibro-cartilage capable de ressort humecté de synovie, très-épais en avant et très-mince en arrière, tel que celui de toutes les autres vertèbres ; 2° par les deux petites apophyses articulaires, qui sont comme adossées au bord postérieur de la surface énoncée du sacrum, et par de pareilles de la dernière vertèbre. Cette articulation est entourée d'une infinité de ligaments. Tout mouvement n'est point interdit à cette espèce de jonction, mais il est très-petit. Si le bassin en exécute un plus grand sur le tronc, il faut le regarder comme un composé de celui qui se passe entre chaque vertèbre lombaire et les dernieres du dos.

La dernière vertèbre n'a pas, avec l'os iliaque, une articulation immédiate : un ligament nommé *ilio-lombaire* passe de l'une à l'autre, sert à affermir leur rapport et empêche leur écartement. Ce ligament, fixé en dedans au sommet de l'apophyse transverse de la dernière vertèbre lombaire, se dirige de là transversalement au-dehors, et vient s'attacher à l'épine postérieure et à la crête de l'os iliaque. Outre ce ligament, on en observe un autre très-court et petit, qui descend de la même apophyse pour se terminer au bord supérieur de l'articulation sacro-iliaque : c'est de cette manière que se forme l'articulation dite *vertébro-iliaque*.

Deux facettes ovalaires, que le sacrum et le coccyx présentent réciproquement affermies par un fibro-cartilage et deux faisceaux fibreux, l'un antérieur et l'autre postérieur, constituent cette articulation.

Le coccyx peut se mouvoir et céder à la pression qu'il éprouve en différentes circonstances. Cette mobilité extrême de la jeunesse s'affaiblit insensiblement et se perd avec l'âge ; mais soit

qu'elle se perde ou qu'elle diminue considérablement avant l'époque de la vie où la femme
devient inféconde, elle peut, dans certains cas
très-rares, apporter des obstacles à l'accouchement.

Outre les articulations que nous venons d'observer, le bassin a des connexions d'une très-
petite importance avec les extrémités inférieures.
Quoique les os iliaques et le sacrum soien so-
lidement articulés entre eux, quelque multiples
que soient les moyens que la nature emploie pour
donner à cet ensemble la stabilité nécessaire au
libre exercice des mouvements du tronc et des
extrémités inférieures, dont il est en quelque
sorte le centre, leurs articulations peuvent néanmoins se relâcher et s'affaiblir au point de jouir
d'une mobilité apparente ; elles peuvent céder
aux efforts de l'accouchement, à l'impulsion
même des agents extérieurs, s'allonger ou se déchirer et permettre aux os de s'écarter.

CHAPITRE XV.

Division du bassin et ses dimensions naturelles.

L'évasement du bassin chez la femme offre
une différence réellement remarquable ; com-
paré à celui de l'homme, il est plus considérable en tous les sens.

Une ligne saillante rarement circulaire, le
plus souvent elliptique et quelquefois ovale,
mais toujours sensiblement inclinée d'arrière en
avant, forme le détroit supérieur et divise la cavité pelvienne en deux parties, dont la supérieure est plus évasée et que nous appelons
grand bassin; l'autre, inférieure, plus rétrécie,
forme une espèce de canal désigné sous le nom
de *petit bassin.*

Le grand bassin présente une arrière articulation sacro-vertébrale sur les côtés des fosses
iliaques internes ; en avant, le défaut de parois

osseuses laisse une grande échancrure que remplissent les muscles abdominaux.

Les accoucheurs doivent étudier quatre diamètres au détroit supérieur. L'un, antéro-postérieur, s'étend de l'articulation pubienne à la sacro-vertébrale. Un autre, transversal, se porte d'un côté du bassin à l'autre, en coupant le premier angle droit; les deux autres, obliques, tiennent le milieu par rapport à leur longueur et s'étendent à la jonction sacro-iliaque opposée et à la cavité cotyloïde.

Les parties molles, qui se trouvent dans le bassin, apportent quelque changement à la longueur respective de ces diamètres, considérée principalement par rapport à l'accouchement. S'ils perdent tous également de leur longueur à cause de l'épaisseur du col de la matrice, toujours peu considérable dans son extrême développement, attendu qu'il ne dépasse pas alors celle de deux millimètres, il n'en est pas de même par rapport aux muscles. Le grand diamètre ou le transversal est presque le seul que les poas diminuent dans leur trajet; ils le font plus ou moins selon leur grosseur individuelle, et selon que le détroit du bassin est d'une forme plus elliptique ou plus arrondie, mais toujours assez pour que ce diamètre paraisse plus court que les autres. Ces muscles font perdre aussi quelque chose aux diamètres obliques du côté de leurs extrémités postérieures, mais n'empêchent pas qu'ils ne soient les plus longs et que nous devions les considérer comme tels relativement à l'accouchement.

Le petit bassin, plus étroit que le grand, mais sensiblement plus haut, forme une sorte de canal plus large à sa partie moyenne de derrière en avant qu'à ses extrémités. Il est rempli, chez la femme, par l'intestin rectum, la vessie, la matrice et le vagin ; nous observons aussi un détroit appelé inférieur par opposition au supérieur, dirigé en bas, un peu en arrière ; il est remarquable par ses trois éminences, séparées par autant d'échancrures ; des trois éminences, deux antérieures latérales sont formées par les tubérosités sciatiques, l'autre, postérieure moyenne, est représentée par le coccyx et descend moins que les précédents.

De ces trois échancrures, deux sont postérieures, latérales, nommées échancrures *sacro-sciatiques*, que les ligaments du même nom complètent en arrière sur les côtés ; la troisième, antérieure, plus grande, s'appelle *arcade pu-*

bienne. Ce détroit offre le même diamètre que le premier. L'antéro-postérieur est étendu du bas de l'articulation pubienne au sommet du coccyx ; le transversal va d'une tubérosité sciatique à l'autre ; les deux obliques comprennent chacun des espaces qui séparent le milieu d'un des grands ligaments sacro-sciatiques à la tubérosité sciatique du côté opposé. L'étendue commune de ces diamètres varie par la mobilité du coccyx.

L'arcade pubienne mérite aussi d'être considérée attentivement, puisque sa forme et ses dimensions peuvent influer sur le mécanisme de l'accouchement. Cette arcade, arrondie dans sa partie supérieure, augmente insensiblement en descendant, de sorte qu'elle s'écarte en bas, si nous prenons pour base la ligne qui passe pour diamètre transversal du détroit supérieur.

Nous devrions parler ici des dimensions du bassin et les mesurer avec précision, si notre livre s'adressait au public médical ; mais, nous l'avons déjà dit, telle n'est pas notre prétention. Nous voulons donner à la mère, qui est sur le point de marier sa fille, une légère description du bassin et de ses annexes, afin qu'elle n'hésite pas à consulter la science à ce sujet. Elle comprendra alors que l'art de guérir ne s'improvise pas, que pour entreprendre et finir les études médicales, il faut être doué par la nature d'aptitudes spéciales. Il faut, après de longues années d'un travail opiniâtre, savoir soigner, guérir, plaindre, consoler et même deviner les peines morales du malade et le prémunir des dangers. Pourquoi une fausse honte détournerait-elle la mère de s'assurer de la bonne ou mauvaise conformation de sa fille ? Si le mariage lui est défendu, une mère intelligente saura, avec cette délicatesse toute féminime, la détourner du péril et lui inspirer le goût d'une science ou d'un art qui occupera ses loisirs : plus tard peut-être la jeune fille pardonnera-t-elle à la nature de l'avoir privée des joies de la maternité !

CHAPITRE XVI

Des parties de la femme qui ont rapport à l'accouchement. — Matrice et ses adhérences.

Des parties de la femme qui ont rapport à l'accouchement, les unes sont actives et servent à expulser l'enfant : telle est la matrice, toujours aidée par l'action des muscles abdominaux et du diaphragme ; les autres sont passives et servent principalement à recouvrir le bassin tant extérieurement qu'intérieurement.

L'utérus, organe très-petit, en raison du volume qu'il est susceptible d'acquérir, destiné à servir d'asile au produit de la conception pendant la durée de son développement, est entièrement situé dans la cavité du petit bassin, entre le rectum et la vessie. Sa forme est celle d'une poire aplatie.

Mais nous n'insisterons point sur ce viscère que nous avons déjà décrit dans nos chapitres précédents. Nous allons tout simplement nous rendre compte de ses rapports dans la cavité du bassin.

L'utérus se divise en corps, en col ; on peut même y trouver un fond.

Le corps s'étend jusqu'à l'endroit le plus resserré de cet organe où commence le col ; celui-ci, formé par une portion allongée, va se terminer dans la partie supérieure du vagin par une proéminence plus ou moins marquée, appelée *museau de tanche*, qui est embrassée par l'extrémité supérieure du vagin.

On y considère deux surfaces, une extérieure, l'autre inférieure. La surface extérieure présente deux faces, l'une antérieure et l'autre postérieure, deux bords latéraux, un supérieur et une extrémité inférieure. La face antérieure est convexe, elle emprunte au péritoine son aspect lisse, elle est séparée de la vessie par l'intestin grêle, dans son quart inférieur ; ses rapports avec la vessie sont immédiats, la cloison qui les sépare est un tissu cellulaire dense.

La face postérieure, lisse, complétement double par le péritoine, est en rapport avec le rectum et n'est séparée que par les circonvolutions de l'intestin grêle ; de cette face partent deux replis qui, de la ligne médiane, vont aux parties latérales du rectum.

Les bords latéraux donnent attache aux ligaments larges et aux ligaments ronds.

Le bord supérieur ou fond de l'utérus, est la partie la plus large et la plus évasée, elle comprend tout ce qui se trouve au-dessous de l'insertion des trompes de Fallope.

L'extrémité inférieure, ou extrémité vaginale du museau de tanche, forme dans le vagin une saillie variable suivant le sujet ; elle est percée d'un orifice étroit circulaire chez les femmes qui n'ont point eu d'enfants ; chez les autres, c'est une fente transversale. Nous y trouvons deux lèvres, une antérieure épaisse ; l'autre postérieure, plus allongée.

La cavité du col est aplatie d'avant en arrière, elle se présente sur une ligne médiane ; de chaque côté se trouvent deux colonnes sous le nom de *lyre*, d'*arbre de vie;* ses traces s'effacent au premier accouchement.

La cavité du corps de cet organe est revêtue d'une membrane muqueuse très-poreuse, extrêmement fine et unie au tissu de la matrice. Dans la cavité du col, on remarque particulièrement des lacunes ou petits culs-de-sac, qui se remplissent de mucosités et de rides irrégulières, lesquelles de l'intérieur semblent se ramifier sur les deux faces de la cavité du corps.

Les artères de l'utérus lui viennent des artères utéro-ovariennes de l'hypogastrique ou artères utérines qui font le service spécial du col ; les vaisseaux augmentent de calibre pendant la grossesse, les ramifications spermatiques qui se distribuent à cet organe forment un assemblage considérable de vaisseaux, lesquels parcourent les deux faces de la matrice au-dessous de la tunique péritonéale. Ces artères ne sont pas seulement fluxueuses, comme beaucoup de petites artères des autres parties ; mais elles décrivent un zigzag très-rapproché.

Les veines de l'utérus ne sont pas moins nombreuses que les artères ; elles proviennent également de deux sources. Celles placées dans l'épaisseur du tissu propre de la matrice forment ce que l'on appelle les *sinus utérins*. Ces dernières se jettent dans la veine hypogastrique ; les veines supérieures forment les veines utro-ovariennes, elles s'ouvrent dans la veine rénale. L'utérus admet dans sa structure beaucoup de vaisseaux absorbants ; ses nerfs suivent la même loi d'augmentation que les artères et les veines, même celles du plexus et des ganglions hypogastriques qu'ils accompagnent, et proviennent des artères utérines fournies par l'hypogastrique. Les nerfs du col, on n'en est pas encore bien sûr, semblent se ramifier dans la lèvre antérieure du museau de tanche.

Les vaisseaux lymphatiques subissent la même loi de développement que les artères et les veines.

Ils sont superficiels et profonds. Ceux du corps se jettent dans les ganglions lombaires; ceux du col, dans les pelviens.

Le tissu de la matrice, hors de l'état de la grossesse, est dense, très-résistant, formé d'un tissu fibreux et albuginé ; il est traversé par un grand nombre de vaisseaux. Ce tissu dense, résistant, prend pendant la grossesse tous les caractères du tissu musculaire. Dans le corps de la matrice, on trouve alors des fibres obliques, superficielles, ascendantes et descendantes qui forment un faisceau médian vertical. D'autres fibres circulaires, profondes, forment un cône dont la base répond à la ligne médiane et va se confondre avec les fibres du côté opposé répondant à l'ouverture utérine de la trompe.

L'intérieur de l'utérus forme une cavité aplatie, très-petite en proportion du volume de l'organe, à cause de l'épaisseur considérable des parois. La partie de cette cavité qui répond au corps est triangulaire; elle se termine en haut et sur les côtés par deux orifices très-petits qui conduisent dans les trompes utérines; en bas, il en est une plus large, qui s'ouvre dans la cavité du col. Cette dernière n'est réellement qu'un prolongement de la première et communique dans le vagin par une fente transversale, qui se trouve presque à la partie moyenne du museau de tanche.

Les bords de cette fente sont ordinairement déchirés chez les femmes qui ont eu plusieurs enfants.

Les parois de la matrice sont très-épaisses, particulièrement dans le corps; elles paraissent formées d'un tissu extrêmement dense, résistant, dans lequel il existe une grande portion de fibrine. Le péritoine, après avoir recouvert la vessie, se réfléchit sur la partie antérieure du vagin, passe devant la matrice et embrasse le fond pour se porter de haut en bas sur la face postérieure; de cette manière, il forme à cet organe une enveloppe extérieure très-adhérente à son tissu propre par une couche de tissu cellulaire assez dense et non graisseux que parcourent une grande quantité de vaisseaux.

Le péritoine, recouvre ensuite toute la matrice, excepté la partie qui saillit dans le vagin et forme sur les côtés de cet organe deux replis connus sous le nom de *ligaments larges*, étendus depuis le col jusque vers le fond, qui la fixent aux parois latérales du bassin. Ces deux larges replis forment avec la matrice une sorte de cloison transversale qui divise cette cavité en deux parties à peu près égales : l'antérieure est occupée par la vessie, la postérieure par le rectum. La laxité de ces ligaments fait que la matrice jouit d'une certaine mobilité et peut changer de position quand elle y est sollicitée.

Leurs bords supérieurs, libres et de niveau avec le fond de l'utérus, répondent à la duplicature de la portion péritonéale qui les compose, de manière qu'ils sont formés de deux feuillets adossés ; c'est dans l'intervalle de ces deux lames très-souvent dépourvues de graisse ou n'en contenant qu'une très-petite quantité, que se trouvent placés, de chaque côté de l'ovaire, le ligament rond et la trompe. Comme les deux premiers soulèvent l'un des feuillets postérieurs, l'autre l'antérieur, tandis que le dernier occupe précisément le bord libre, chaque ligament large a l'apparence d'une division en tro's petits replis secondaires.

Les ligaments ronds naissent des parties latérales de la matrice au-dessous et en avant des trompes; ils se portent en dehors et un peu en haut dans l'épaisseur des ligaments larges dont ils soulèvent le feuillet antérieur, se recourbent ensuite en montant vers les os du pubis pour sortir par les anneaux des muscles obliques. Aussitôt après avoir franchi cette ouverture, ces ligaments se partagent en trois ou quatre petits faisceaux, qui se perdent dans le tissu cellulaire du mont de Vénus et des grandes lèvres; leur longueur est plus considérable que l'intervalle qui sépare leurs points d'origine et de la terminaison, à cause du trajet courbe qu'ils décrivent dans l'abdomen. La forme de ces ligaments est ronde, un peu aplatie; ils sont plus larges à leurs extrémités qu'à la partie moyenne. Ils résultent de l'assemblage des fibres longitudinales que pendant longtemps on a cru musculeuses, mais qui paraissent n'être que du tissu cellulaire très-dense; beaucoup de vaisseaux serpentent dans leur épaisseur, et viennent des spermatiques et d'un filet de nerf des plexus-réneux.

Les cordons croissent aussi pendant la grossesse, et s'engorgent comme le tissu de la matrice ; ils servent à assurer la situation naturelle, ou au moins ils bornent les mouvements de cet organe.

Indépendamment des quatre principaux ligaments, on en voit encore d'autres à la partie inférieure de la face antérieure et postérieure de l'utérus, ce sont des replis semi-lunaires du péritoine nommés *petits ligaments ronds*. Ceux qui se trouvent en arrière descendent des parties latérales postérieures et inférieures de la matrice et vont se perdre en remontant le long du rectum ; ceux qui se remarquent entre la matrice et la vessie sont un peu plus petits. L'usage des uns et des autres est le même que celui des ligaments larges.

Les trompes sont des conduits tortueux flottant dans la cavité du bassin, qui prennent leur origine aux parties latérales de la matrice et se portent horizontalement en dehors entre les deux lames des ligaments larges correspondant immédiatement au-dessous de leur duplicature ou de leur bord libre. Ces conduits, qui naissent presque capillaires des deux angles supérieurs et latéraux de la cavité utérine, s'élargissent insensiblement vers le milieu où ils se rétrécissent de

nouveau, et présentent une espèce d'étrangle-
ment auquel succède presque immédiatement
une portion évasée, qui se termine en manière
d'entonnoir ou de pavillon dont le contour est
irrégulièrement découpé, garni de languettes
qui lui ont fait donner le nom de *morceau frangé*.
Une de ces languettes, un peu plus longue que
les autres, est fixée à l'extrémité correspondante
de l'ovaire.

Les trompes sont comme enveloppées par les
ligaments larges, avec lesquels elles ont un rapport assez immédiat. Le tissu des trompes est
le même que celui de l'utérus. Des auteurs l'as-
similent avec le tissu spongieux de l'urèthre ou
des corps caverneux. La présence du fluide muqueux qui humecte l'intérieur de ces conduïts,
et la libre communication qu'ils ont avec la cavité utérine, nous fait présumer qu'ils sont
intérieurement tapissés par une continuation
extrêmement mince de la membrane muqueuse
utérine.

Les ovaires sont deux corps blanchâtres de
forme oblongue et aplatie, ordinairement un peu
moins gros que les testicules des hommes ; placés
de chaque côté à quelque distance de la matrice
dans l'épaisseur de l'aileron postérieur des liga-

ments larges. Ce prolongement du péritoine les recouvre dans toute leur étendue, excepté du côté inférieur, où ses lames s'écartent, pour laisser un passage libre aux vaisseaux qui s'y rendent ou qui en viennent.

A l'extrémité externe de cet organe adhère une languette du pavillon de la trompe ; l'interne est fixée à la matrice par un petit cordon filamenteux placé derrière le ligament rond et un peu au-dessus. Le cordon, qu'on appelle *ligament de l'ovaire*, est très-grêle et entrelacé avec le tissu de la matrice.

Les ovaires sont formés d'une membrane propre, c'est une glande d'une structure particulière, dont les *acini* sont représentés par des follicules clos, épars au milieu d'une gangue cellulo-vasculaire que Baer a désignée sous le nom de *stroma*. Ces follicules furent trouvées et décrites par Fallope, Vésale, Ambroise Paré et Van Horne; mais Ernest de Baer découvrit le véritable ovule des mammifères dans l'intérieur des vésicules de Graaf. Nous trouvons donc, dans les vésicules ovariennes, un liquide transparent, réparti dans toutes les profondeurs de l'ovaire; lorsqu'elles sont superficielles, elles forment des saillies globuleuses qui soulèvent la tunique albuginée et péritonéale de la glande. Leur volume varie d'un demi-millimètre jusqu'à 5, 8, 10 millimètres; ces variations correspondent au degré de maturité.

Nous avons déjà observé que les saillies globuleuses qui soulèvent la tunique de la glande et qui sont proéminentes à l'intérieur plus que les autres vésicules, sont autant de germes dont l'imprégnation est opérée par la liqueur spermatique de l'homme; celles-là sont les plus disposées à recevoir l'influence du principe fécondant.

Nous allons donc passer sous silence l'évolution de la vésicule de Graaf, son augmentation de volume, ses progrès de distension qui finissent par faire éclater les parois de la vésicule, sa rupture lorsqu'elle s'engage à travers la fissure entraînant les cellules du *camulus proliger*, pour tomber ensuite dans l'entonnoir que lui présente le pavillon turgescent de la trompe, l'hémorrhagie qui accompagne la rupture et le travail de la cicatrisation. Nous en avons déjà parlé dans notre chapitre *de la puberté*. Nous parlons aujourd'hui de l'ovule qui tombe dans le pavillon de la trompe et va être fécondé ; mais avant, nous allons décrire succinctement le *vagin*.

Le vagin est un canal membraneux qui occupe l'intérieur du petit bassin ; placé entre la vessie et le rectum, il se prolonge en haut vers la matrice dont il embrasse le col, et descend pour se terminer à la vulve qui en forme l'entrée. Sa longueur peut varier, mais toujours en raison inverse de sa largeur.

Le vagin, légèrement recourbé sur lui-même, est un peu concave du côté de la vessie, convexe du côté opposé ; et comme son entrée présente une coupe oblongue, il en résulte que sa partie antérieure est moins longue que la postérieure.

La face externe peut se diviser en quatre régions, une intérieure, une postérieure et deux latérales. Les deux premières, tapissées par le péritoine dans leur moitié supérieure, et contiguës, l'antérieure à la vessie, la postérieure au rectum, sont unies inférieurement à ces organes par un tissu cellulaire assez dense. Les régions latérales répondent en haut aux ligaments larges, et en bas à beaucoup de tissu cellulaire, côtoyées d'ailleurs dans cette dernière partie par l'urèthre qui se rend à la vessie et par l'artère ombilicale.

Nous pouvons considérer le vagin comme formé de trois tuniques : une externe, fournie par le péritoine, ne recouvre que la moitié supérieure de ce canal ; la seconde est interne, muqueuse ; un tissu propre en forme la troisième. La membrane muqueuse est une continuation de la membrane de la vulve, qui, après avoir tapissé l'intérieur du vagin, se réfléchit sur la partie du col de la matrice, saillante dans ce conduit, et communique par son orifice avec la muqueuse utérine. Cette membrane forme, dans la surface interne du vagin, un grand nombre de rides qui lui donnent un aspect rugueux semblable à celui que nous offre l'intérieur de la vessie, de l'estomac, des intestins fortement contractés. Ces rides sont moins multipliées et moins saillantes au voisinage du col utérin, où elles affectent toutes sortes de direction, que dans la moitié inférieure du vagin, où elles sont transversales, régulièrement arrangées, principalement vers les parois antérieures et postérieures.

L'épaisseur de cette membrane muqueuse, assez considérable vers l'entrée du vagin et dans le milieu, est sensiblement moindre vers le col. Sa couleur, d'abord vermeille, devient ensuite grisâtre, et dans la partie supérieure du vagin, des taches livides assez multipliées donnent à cet endroit un aspect marbré. Enfin la mu-

queuse du vagin présente à sa surface une infinité
de pores cachés en grande partie dans les ru-
gosités. Ces pores aboutissent à des petites lacunes qui, dans cette membrane, tiennent lieu de
cryptes glanduleuses. Ces sinus et ces follicules
muqueux sont la source du fluide qui lubrifie
habituellement l'intérieur de ce conduit.

Le tissu propre, confondu inférieurement
avec le tissu cellulaire qui entoure la partie
correspondante du vagin, forme une couche peu
épaisse extérieure à la membrane muqueuse
avec laquelle il est très-adhérent. Sa texture est
dense, serrée, de couleur jaunâtre, un peu plus
souple, plus lâche du côté de la vulve ; il se
transforme à l'orifice du vagin en un tissu spongieux susceptible de se pénétrer de sang et de
passer à une sorte d'érection : c'est cette partie
que les anatomistes appellent *plexus rétiforme*
et qui existe particulièrement sur les côtés de
l'ouverture.

L'orifice du vagin est embrassé par deux
bandes charnues qui montent de la partie antérieure du *sphincter* de l'anus au clitoris, que
l'on appelle *muscles constricteurs*.

Le tissu propre du vagin vers le col de la matrice est extrêmement dense, serré, s'entrelace

même avec la substance de cet organe. Cette troisième tunique jouit à un très-haut degré d'extensibilité et de contractilité du tissu.

Le vagin tire ses vaisseaux des hypogastriques, et ses nerfs des sacrés.

CHAPITRE XVII.

De l'ovule fécondé, de la matrice considérée dans l'état de grossesse, de l'œuf, du placenta, des membranes et des eaux de l'amnios.

Nous voilà donc en présence de l'ovule qui tombe dans le pavillon de la trompe, après le coït. Nous allons tout d'abord considérer la tendance des spermatozoïdes à se rendre vers l'ovaire, et celui-ci à descendre vers l'utérus ; le temps souvent fort long, pendant lequel l'un comme l'autre conservent leur intégrité, semble nous expliquer que la fécondation peut avoir lieu dans toute l'étendue de la trompe, aussi bien que sur l'ovaire lui-même, jusque dans l'épaisseur des parois de la matrice. Ordinairement le germe ou l'œuf est transmis d'un des ovaires à l'utérus par le moyen de la trompe correspondante ; il s'attache, se fixe à un point de la cavité de cet organe, et l'endroit de cette primi-

tive adhérence est le plus souvent le lieu d'insertion du placenta.

La matrice, destinée à servir d'asile au fœtus,
se dilate, s'agrandit en suivant les progrès de
son développement, les vaisseaux y apportent
beaucoup de sang qui est la source où le fœtus
puise les matériaux de sa nutrition ; enfin, à une
époque déterminée et fixée par la nature, et en
vertu des propriétés vitales dont il s'est pénétré
en changeant d'organisation, l'utérus se débar-
rasse du produit de la conception.

Le développement de cet organe est provoqué par le liquide qui entoure le fœtus, la quantité duquel augmente jusqu'à la fin de la grossesse, mais toujours en raison inverse de
l'accroissement de ce dernier.

Pendant une assez longue époque de la gestation, l'ampliation de la matrice se fait aux dépens
de son corps ; le col n'éprouve aucun changement. Il suit de là que cet organe qui cesse d'être
aplati dès qu'il commence à prendre un volume
plus considérable, conserve assez longtemps sa
disposition pyriforme. Seulement, vers le septième ou huitième mois dans les premières grossesses, un peu plus tôt chez les femmes qui ont
déjà eu plusieurs enfants, le col diminue de lon-

gueur, fait une saillie moindre dans le vagin, et s'entr'ouvre légèrement.

L'utérus, dès lors, prend une forme décidément ovalaire, dont l'extrémité inférieure est toujours plus petite et allongée, si ce n'est à l'instant même de l'accouchement.

Vers la fin des trois premiers mois de la grossesse, la matrice est encore contenue dans le bassin, et ce n'est généralement que dans le cours du quatrième mois que son fond dépasse le détroit supérieur et peut être aisément senti au travers des parois abdominales un peu au-dessus du pubis ; il l'atteint durant le sixième, le dépasse au septième et parvient dans la région épigastrique vers la fin du huitième. Mais alors, soit à cause de la part que prend le col au développement de l'utérus, soit parce que le corps même de l'organe cesse d'augmenter en hauteur et qu'il s'agrandit transversalement d'avant en arrière, le fond de la matrice se rapproche véritablement de l'ombilic, au-dessus duquel il s'élève beaucoup moins aux approches de l'accouchement.

Les rapports que nous venons d'exposer ne sont pas toujours constants : l'inclinaison de l'utérus, soit antérieure, soit sur les côtés, les différences qui existent quelquefois dans le volume de cet organe, à une époque. déterminée de la gestation, chez plusieurs femmes ou chez la même à plusieurs grossesses, peuvent les faire varier singulièrement.

A mesure que la matrice se développe, les ligaments larges s'appliquent sur elle et concourent à former l'enveloppe séreuse que le péritoine lui fournit dans la grossesse, comme hors de cet état ils deviennent, en conséquence, beaucoup plus étroits, mais ne disparaissent jamais complétement. Les ligaments ronds, les trompes et les ovaires s'élèvent avec l'utérus dans l'abdomen et changent manifestement sous tous les rapports. Les ligaments ronds suivent un trajet plus direct pour se rendre aux anneaux ; ils sont d'ailleurs plus ou moins distendus, et on ne peut douter que leur tiraillement ne cause en partie les douleurs vives que les femmes grosses éprouvent dans les aines.

Les trompes acquièrent une grosseur remarquable ; en outre, elles s'appliquent sur les parties latérales de l'utérus, auquel elles sont étroitement unies dans presque toute la longueur.

Les ovaires deviennent eux-mêmes aussi gros et plus spongieux.

Le vagin s'infiltre, se tuméfie, ses glandes sécrètent une plus grande quantité d'humeur muqueuse, les rides transversales qui existent à sa surface interne disparaissent et favorisent son allongement, lorsqu'à une certaine époque de la grossesse, la matrice s'élève au-dessus du détroit supérieur.

Malgré l'ampliation que l'utérus acquiert principalement vers les derniers temps de la gestation, le tissu de ses parois conserve à peu près l'épaisseur qu'il nous présente hors l'état de grossesse ; il n'y a que le col qui, dans ces dernières périodes, est extrêmement aminci. Nous observons cependant que cette permanence dans l'épaisseur des parois de l'utérus n'est pas tellement rigoureuse, qu'on ne puisse trouver celle-ci légèrement amincie sur quelques femmes, et un peu augmentée sur d'autres. Il faut encore remarquer que, quelle que soit cette épaisseur, elle n'est jamais parfaitement uniforme dans toute l'étendue de ces parois.

En se développant ainsi, le tissu de la matrice acquiert une couleur rouge assez foncée ; il perd en partie sa densité, devient très-spongieux, soit par sa propre conversion, soit par la dilatation des nombreux vaisseaux qui le pénètrent. A la superficie externe de cet organe, immédiatement au-dessous de la tunique péritonéale, il existe un plan très-mince de fibres musculaires longitudinales coupées, au voisinage du col, par d'autres transversales. On en trouve aussi à la surface interne des concentriques formant un double plan, également très-mince, autour des orifices des trompes. Plus profondément, le tissu de l'utérus résulte d'un entrelacement inextricable de ces mêmes fibres, parmi lesquelles on ne saurait distinguer aucun plan, aucun faisceau régulier.

Les artères, pendant la grossesse, se dilatent insensiblement et deviennent moins fluxueuses. Le sang, qu'elles apportent très-abondant, sert non-seulement pour la nutrition et l'accroissement de l'utérus, mais elles en déposent pour le fœtus et ses dépendances : aussi observe-t-on qu'elles sont plus dilatées du côté où adhère le placenta, puisqu'elles versent immédiatement du sang dans ce corps spongieux.

Les veines de la matrice, qui, hors de l'état de grossesse, sont déjà plus multipliées et plus considérables que les artères, conservent, en augmentant de diamètre, leur prédominance sur ces dernières, en sorte qu'elles sont très-grosses pendant la gestation. Leur dilatation n'est pas seulement remarquable à l'extérieur, elle l'est encore dans l'épaisseur même des parois utérines, ce qui fait paraître le tissu de cet organe comme creusé de cavités, dont quelques-unes, au terme de la gestation, admettent facilement l'extrémité du doigt.

Les vaisseaux absorbants de l'utérus grossissent aussi considérablement pendant le temps de la gestation.

La matrice, jusqu'au moment de l'imprégnation, ne jouit que de la sensibilité organique et de la tonicité, propriétés qui font les forces permanentes et habituelles de cet organe si nécessaires à sa nutrition et à l'évacuation menstruelle; mais aussitôt que le produit animé de la conception en décide le développement, survient un changement dans l'organisation de l'utérus; il se pénètre d'une nouvelle propriété contractile qui, dès lors, devient une faculté dominante, de laquelle dépend l'expulsion du fœtus au terme de la gestation ou à une époque antérieure, quand les circonstances accidentelles le mettent en exercice. Cet organe acquiert en même temps la sensibilité animale.

La recherche de la cause immédiate de l'accouchement, c'est-à-dire qui, au terme de la grossesse, met en jeu la faculté contractile de l'utérus, a beaucoup occupé les physiologistes. D'après Hippocrate, toute l'antiquité s'était persuadée que le manque de nourriture suffisante était ce qui faisait naître chez l'enfant un sentiment importun, lequel le sollicitait à s'agiter pour aller ailleurs chercher des aliments. D'autres ont cru que l'acrimonie des eaux dans lesquelles le fœtus nage agaçait la superficie de son corps, l'irritait et le déterminait à faire tous ses efforts pour se soustraire à cette douloureuse impression. D'autres enfin prétendaient en trouver la cause, soit dans le poids et l'âcreté du meconium et de l'urine, soit encore dans le besoin qu'a l'enfant de respirer.

Peu satisfaits de ces opinions, la plupart des modernes ont embrassé la suivante : ils admettent, entre les parois du corps de la matrice et du col de cet organe, une sorte de lutte, dans laquelle, pendant tout le cours de la gestation, la résistance de ce dernier, c'est-à-dire du col, surmonte la tendance des premières à se contracter ; et ils supposent que la supériorité qu'acquiert la matrice sur le col par l'affaiblissement insensible qu'il éprouve, est ce qui sollicite leur contraction définitive. Mais toutes leurs explications nous donnent une simple idée du phénomène de l'accouchement, et non pas la cause qui décide le travail de l'enfantement.

Quoi qu'il en soit, les contractions de l'utérus peuvent seules opérer l'expulsion du fœtus; l'action du diaphragme et des parois abdominales, ordinairement, les seconde, et c'est parce que les muscles ont une influence puissante sur l'accouchement, qu'il est en partie volontaire.

Après l'expulsion du fœtus et de ses dépendances, la matrice continue d'agir, revient sur elle-même, mais avec calme. Ses parois prennent momentanément une épaisseur plus considérable; les vaisseaux, comprimés par l'état permanent de contraction, ne laissent échapper, malgré la dilatation de leurs orifices, qu'une petite quantité de sang, qui, fournie lentement, est bientôt remplacée par des mucosités que sépare abondamment l'intérieur de la matrice et qui constituent l'écoulement propre aux femmes nouvellement accouchées, connu sous le nom de *lochies.*

Cette évacuation dure un temps plus ou moins long, et ne cesse sans doute que lorsque l'utérus a repris l'état dans lequel il était avant la conception. Chez quelques femmes, l'évacuation ne dure que quelques heures, mais très-abondante, et ces dernières ne ressentent aucune faiblesse. Nous avons dit que le retour de cet organe à son volume primitif est d'abord dû à l'évacuation et au serrement des vaisseaux ; mais bientôt la nutrition y diminue d'activité, les phénomènes de la décomposition prédominent, jusqu'à ce que l'excédant des principes déposés pour le développement de cet organe ait été soustrait.

On appelle œuf, dans l'espèce humaine et chez les animaux vivipares, la poche membraneuse qui, renfermée dans la matrice, contient immédiatement le fœtus et le liquide qui l'entoure de toutes parts. L'œuf est formé de plusieurs parties qui n'ont point entre elles les mêmes arrangements aux diverses époques de la grossesse.

Quelques semaines après, le germe ou l'œuf est transmis dans la cavité utérine, où il se fixe à un point déterminé de ses parois : un léger duvet ou amas filamenteux s'élève à sa surface, augmente insensiblement et devient très-épais.

Dans le cours du second mois, ces filaments dispersés, qui sont la base primitive du placenta, se rassemblent pour constituer cette masse spongieuse dans l'endroit d'adhérence du germe.

La partie qui forme la vésicule ou la poche sur laquelle sont posés, comme on dit, les rudiments du placenta, est composée elle-même de deux membranes bien distinctes : une externe, est le *chorion ;* et l'autre, interne, moins grande, est *l'amnios.*

Au terme de la grossesse, le placenta se montre à l'état d'une masse spongieuse, de forme communément ronde, ayant un diamètre assez épais au centre et assez mince vers la circonférence, qui se confond avec la caduque dont nous parlerons ci-après.

Mais il n'est pas tel depuis le commencement de la gestation, en effet, puisque vers la fin du premier mois, on observe qu'un amas filamenteux, une sorte de *tomentum* intermédiaire à toute la surface du chorion de l'utérus, en tient lieu. Ces filaments sont un assemblage de vaisseaux très-fins et très-multiples qui ont leur racine à la surface interne de l'utérus, et leurs petits troncs ou chorions. Pendant le second mois ils se rassemblent et s'approchent du lieu où l'œuf s'est fixé à la paroi de la matrice, de manière à ne plus s'occuper que la moitié de la surface interne du chorion. Alors le placenta a une étendue plus limitée, et dans les mois suivants, il perd son épaisseur de plus en plus considérable, tandis qu'il diminue de largeur proportionnellement à l'étendue des membranes, jusqu'à ce que dans le fœtus à terme, il présente les dimensions indiquées plus haut, à quelques légères variétés.

La situation du placenta sur l'un des points de la surface de la matrice varie singulièrement. Le placenta, considéré au terme de la gestation, présente deux faces : l'une, externe, appliquée aux parois de la matrice, légèrement convexe ; l'autre, interne, tournée du côté du fœtus, un peu concave, qu'on nomme *face fœtale*. Le cordon ombilical s'insère ordinairement au centre ; l'amnios et le chorion la recouvrent : celui-ci y est très-adhérent.

La face interne du placenta est creusée par des sillons plus ou moins profonds, très-irréguliers, qui divisent le parenchyme en plusieurs petits lobes auxquels on donne le nom de *cotylédons*. Ces lobes ne touchent pas immédiatement aux parois de la matrice : une couche membraneuse les recouvre, s'enfonce dans leurs intervalles et passe en même temps de l'une à l'autre.

Les artères et la veine ombilicale, après avoir

formé le cordon, se partagent sur la surface fœtale du placenta en plusieurs branches qui, légèrement fluxueuses, marchent en rayonnant sur le chorion, auquel elles sont très-adhérentes. Les branches de la veine, plus nombreuses que celles de chaque artère isolément, sont à peu près égales à celles réunies de deux artères ; de sorte que dès cette première division des vaisseaux ombilicaux, il n'y a plus qu'une artère pour une veine, rapport qui paraît exister jusque dans leurs ramifications capillaires. Les branches de chaque ordre s'anastomosent entre elles sur la place du placenta ; elles fournissent quelques rameaux très-fins à la partie voisine des membranes. Enfin leurs divisions principales pénètrent la substance de ce corps et s'y ramifient.

La substance du placenta offre un tissu molasse, spongieux et facile à déchirer. Elle a constamment une couleur rouge foncé des vaisseaux sanguins, un tissu cellulaire très-fin destiné à en unir les ramifications ; et les filaments blanchâtres, très-résistants, adhérents à la surface du chorion, qui sont d'autant plus nombreux qu'on les examine sur le placenta plus près du terme de la grossesse, sont presque les seuls éléments de l'organisation du corps spongieux.

Les anatomistes savent, mieux que nous, déterminer le mode d'adhérence du placenta à l'utérus et de communication avec les vaisseaux de cet organe. Des opinions différentes, nous ne saurions choisir la plus vraie. Nous nous bornons à admettre une anastomose immédiate des artères de l'utérus avec les radicules de la veine ombilicale, et, réciproquement, des ramifications des artères ombilicales du fœtus avec les veines utérines; mais les expériences qu'on a souvent réitérées sur un grand nombre de cadavres de femmes enceintes, pour tenter de faire parvenir dans les veines ombilicales des injections poussées dans les artères de la matrice, ont toujours été sans succès : le fluide s'épanche à la surface utérine du placenta et dans les interstices lobulaires. On approuve ou l'on rejette cette anastomose directe des vaisseaux du placenta avec ceux de la matrice : chacun conçoit à sa manière le mode de communication des vaisseaux.

Les artères et les veines utérines, plus ou moins dilatées, traversent la membrane caduque et ont leur orifice béant dans les interstices lobulaires de la surface correspondante du placenta. Les premières y déposent le sang de la mère, qu'absorbent les radicules multipliées de la veine ombilicale. Les veines puisent dans les mêmes interstices le sang, quand, après avoir circulé dans le fœtus, il est ramené par les artères ombilicales. Si nous pouvons nous exprimer ainsi, il y a une double exhalation sanguine et une absorption double de la part des vaisseaux de l'utérus et de ceux du placenta. On peut toutefois remarquer que l'absorption et l'exhalation du placenta sont opérées par des ramifications vasculaires infiniment déliées. Ainsi, aussitôt que la division du plastoderme est formée en feuillets, on voit apparaître les vestiges du système vasculaire dont l'extension et l'accroissement sont constants jusqu'au terme de la gestation. L'autre, temporaire : c'est la vésicule ombilicale.

Les premiers vestiges des vaisseaux ont la forme d'un cercle presque complet appelé *sinus terminal;* ce sinus va au dehors avec ses nombreuses branches entre les feuillets du plastoderme, qui vont se jeter dans le cœur : veines omphalo-mésentériques. Le cœur a une existance précoce dans le fœtus ; il naît à la partie inférieure du capuchon céphalitique ; il est de forme oblongue, parsemé de cellules qui creusent bientôt une cavité, laquelle s'allonge en forme d'un *S* italique. Ces métamorphoses sont très-rapides. L'extrémité du cœur s'abouche avec deux vaisseaux : *arcs aortiques* artère vertébrale supérieure de la face antérieure du rachis cheminent deux grosses branches *omphalo-mésentériques* qui vont se jeter sur les parois de la vésicule ombilicale. Les vaisseaux inférieurs, qui communiquent avec le sinus terminal, sont veineux ; le cœur a des contractions rhythmiques de bonne heure. Les mouvements d'ampliation et de resserrement du sac donne au début des mouvements alternatifs : alors la circulation est établie.

Après la formation du placenta, c'est-à-dire après la réunion, vers le lieu d'adhérence du germe aux parois de l'utérus des nombreux vaisseaux intermédiaires à la caduque et au chorion, cette couche reste appliquée immédiatement à la surface interne de la matrice ; en outre, une autre membrane mince, appliquée au chorion, se continue à la précédente vers la circonférence du placenta, et communique ailleurs avec elle par des prolongements vasculaires disséminés çà et là.

La caduque réflexe. — Nous croyons qu'elle doit sa formation ou à la caduque qui, de la circonférence du placenta, s'épanouit sur tout l'extérieur de l'œuf, ou aux restes du tissu filamenteux et vasculaire qui, pendant les deux premiers mois, garnissent l'intérieur de l'œuf.

Quelle que soit la formation de cette membrane, elle n'existe pas longtemps d'une manière distincte ; car, d'abord contiguë ou lâchement unie à la caduque de la matrice, elle se confond ensuite avec elle : ces deux membranes, vers le milieu de la grossesse, n'en font vraiment qu'une seule.

Ainsi disposée, la caduque est très-peu unie aux parois de l'utérus ; elle s'en détache même avec facilité, puisqu'on la trouve souvent à l'extérieur de l'œuf dans les avortements qui n'ont pas été précédés de l'évacuation des eaux de l'amnios, et où toutes les parties de la conception ont été rendues en un seul corps.

La disposition de cette membrane varie singulièrement : elle devient très-mince à mesure que le terme de la gestation approche, continue avec le tissu spongieux du placenta, surtout avec l'expansion membraneuse que revêt la surface utérine de ce corps ; d'ordinaire elle se détache de la matrice lors de l'accouchement et se trouve appliquée sur le chorion.

Plusieurs anatomistes ont confondu la membrane caduque avec le chorion ; ils la décrivent plus épaisse que l'amnios, tandis qu'en admettant trois membranes, c'est-à-dire en isolant la caduque du chorion, celui-ci est plus mince que l'amnios.

L'origine de cette substance a pour base un fluide coagulateur, une lymphe concrescible qu'on suppose séparée à la surface interne de l'utérus par suite d'un coït fécondant. D'autres anatomistes pensent qu'elle est le produit d'une dégénération propre de la liqueur séminale.

CHAPITRE XVIII

Signes de la grossesse.

Nous trouvons presque toujours, au début de la grossesse, des troubles nerveux suivis de vomissements ; l'appétit devient capricieux, diminue même, et souvent il survient un profond dégoût pour tous les aliments, accompagné d'un sentiment indéfinissable de tristesse, d'un désir de solitude. Parfois, c'est une vive inquiétude qui s'empare de la nature la plus calme ; les battements du cœur viennent sans motif, provoqués par ce sentiment inconnu qui l'agite. D'autres fois encore, la femme la plus active peut apparaître hypocondriaque, sans force, sans volonté et sans goût ; le sommeil seul l'accable. Il arrive aussi que la meilleure, la plus aimable, devient irascible et quelquefois méchante. Chez d'autres, la grossesse se manifeste par trois ou quatre

évanouissements, sans dégoût et sans vomissements, même sans aucune altération ni changement des qualités propres à la nature de la
femme.

Lorsque la grossesse est plus avancée, ses
goûts se pervertissent, ses désirs sont quelquefois singuliers : elle voudra alors, avec une per-
sistance enfantine, les substances les plus nui-
sibles, les plus indigestes, parfois même les
plus dégoûtantes.

A mesure que l'utérus prend de l'espace dans
la cavité abdominale, il comprime nécessairement les organes du bassin et du ventre. La première pression se fait sentir sur le canal de l'u-
rèthre : de là provient souvent le besoin d'uriner.
Lorsqu'elle est encore plus avancée, l'utérus
comprime alors la vessie et le rectum ; il déter-
mine les fréquentes envies d'uriner ; les évacua-
tions se font avec difficulté ; parfois, c'est une
constipation opiniâtre ; les parties génitales sont
comme tuméfiées : c'est la compression de l'u-
térus sur les vaisseaux du bassin, ce qui nous
explique les crampes et les engourdissements
des membres abdominaux. La compression
exercée sur les vaisseaux du bassin peut déterminer aussi des dilatations variqueuses, et même,

par l'infiltration, rendre les membres inférieurs lourds et engourdis, ainsi que les parties extérieures de la génération.

Nous trouvons, dans la *Physiologie* du docteur Béclard, page 1197, l'influence de la grossesse sur les phénomènes respiratoires ; nous empruntons à cet ouvrage les lignes suivantes, car notre explication serait moins claire et moins comprise que celle de notre maître :

La matrice, en s'élevant et en refoulant la masse intestinale et les organes contenus dans le ventre, exerce une influence marquée sur les phénomènes respiratoires, en rendant la contraction du diaphragme moins étendue. La gêne de la respiration est surtout très-marquée dans les derniers mois.

Les vrais signes de la grossesse sont le développement de l'utérus ; mais ce développement peut aussi tenir à d'autres causes.

La grossesse supprime la menstruation. Dans très-peu de cas, elle continue les premiers mois ; mais alors le sang est clair et moins abondant. L'utérus empiète sur la hauteur du vagin dans les derniers mois, l'ouverture du col s'agrandit, et les lèvres du museau de tanche disparaissent. Le mouvement du fœtus, que la mère ressent, est un des signes les plus certains de la grossesse.

Nous ne parlerons pas ici des circonstances imprévues qui peuvent atteindre la mère pendant la grossesse. Ces saisissements, auxquels on peut attacher une grande importance tant pour la mère que pour l'enfant, feront le vaste sujet d'un chapitre de notre second ouvrage. Là, nous pourrons nous adresser exclusivement à la mère et la prémunir contre plus d'un danger.

Mais nous nous permettrons ici deux mots sur les envies des femmes enceintes. Tout le monde sait que ce préjugé est presque usé par l'abus qui en a été fait ; il a parcouru le monde entier ; souvent il a servi de point d'appui à la jeune femme capricieuse pour avoir de son époux une attention de plus ou une plus forte preuve de son amour ; ou bien pour faire savoir son état intéressant sans en parler. C'est ce préjugé complaisant que nous voulons détruire.

Est-il possible de croire que les envies laisseront des traces ineffaçables du désir de la mère sur telle ou telle partie du corps du nouveau-né ? C'est une honte, à notre époque, de voir de tels préjugés servir encore à certaines femmes intelligentes ; c'est faire soumettre la grande loi de la nature à des esprits appauvris de bon sens. Comment un caprice féminin peut-il marquer d'une empreinte végétale ou animale la nature, qui nous régit à notre insu ?... Non! non ! mères de famille, ne vous abusez pas.

Dites-nous plutôt que votre cœur augmente de volume pendant la grossesse ; poétisez dans vos ardentes imaginations maternelles ce développement ; localisez ces sentiments affectifs que vous sentez naître aux premiers mouvements du fœtus dans vos entrailles : alors nous vous comprendrons ; la science ne saurait s'abuser. Mais il est permis à notre sexe de chercher le siége de cet amour magique de la mère, qui comprend tant de patience, tant de souffrances occultes et tant de vains désirs, cet amour infatigable qui veille, pleure et sourit au profit de sa créature.

CHAPITRE XIX

L'opération césarienne.

Dans notre second ouvrage, nous aborderons une thèse, plus soutenue par les anciens maîtres que par les modernes.

Notre prétention n'est pas de faire la leçon aux savants dont nous admirons les lumières.

Nous ne voulons pas non plus contredire nos maîtres, qui ont écrit sur l'opération césarienne, et leur contester les nombreuses guérisons qui en résultent.

Mais, en notre double qualité de femme et de mère, il nous incombe le devoir de remplir une lacune regrettable : celle de démontrer aux profanes le mouvement presque barbare à l'égard de l'opération césarienne, dans les cas où le mari, favorisé par les mœurs, a presque le droit de sacrifier la mère au profit qu'il peut tirer de son rejeton.

Nous voulons encore démontrer la puissance de l'amour maternel, ce dévouement incomparable de la mère qui se sacrifie pour son enfant.

Il arrive souvent que c'est la femme qui, la première, demande avec une admirable et affectueuse insistance à son mari et à l'homme de l'art l'opération césarienne ; elle en devine les souffrances et connaît les dangers imminents auxquels elle s'expose. Mais elle n'hésite pas un seul instant à donner sa vie pour ce petit être, qu'elle aime sans le connaître ; elle a déjà senti, aux mouvements du fœtus, son cœur se réchauffer et se dilater. Au milieu des atroces douleurs de l'enfantement, la souffrance physique de la mère s'efface, dès l'instant qu'il y a danger pour sa créature. Ses douleurs, sa faiblesse ne sont rien pour elle ; animée par cette mystérieuse affection, la force de son imagination est prodigieuse, son courage sublime : elle veut mourir à la place de son fils ou de sa fille. Oh ! alors, elle est vraiment belle et grande dans sa fiévreuse animation ; dans un suprême effort, elle impose à ceux qui l'entourent sa volonté, ferme, énergique, sans égoïsme et sans présomption. Noble mère ! elle oublie même que son enfant ne naîtra peut-être que pour souffrir, languir et mourir ; mais elle est sous l'empire de cette puissante abnégation, de ce généreux dévouement, que les mères seules peuvent comprendre et sentir.

Et nous, mères de famille, laisserons-nous dans l'oubli nos martyres de la maternité, sans leur exprimer un regret, déposer une fleur et verser une larme ? Non ! Nous ferons connaître à ceux qui ridiculisent tous les actes de la femme, que le cœur maternel est un foyer ardent et énergique, où l'on peut puiser à la fois force, courage, abnégation, patience, désintéressement et une exquise sensibilité. Car nous parlerons de celles dont l'amour maternel a su triompher sur la matière, qui tient de la grande loi de la nature, pour instinct, sa propre conservation.

Nous assumerons donc une double responsabilité. Nous nous plaindrons des mœurs de certaines contrées européennes qui favorisent trop légèrement l'opération césarienne. Nous blâmerons aussi les maris qui préfèrent l'enfant à la mère. Ensuite nous étalerons sans orgueil et sans prétention la force morale de la mère qui veut se sacrifier pour son enfant.

Nous tâcherons d'être impartiale et vraie ;

mais nous essaierons aussi de comparer la force physique de l'homme à la force morale de la femme.

Quant aux qualités intellectuelles du sexe fort, nous les admirons, sans prétendre les analyser ; car la femme est obligée de travailler encore et beaucoup pour revendiquer les droits de s'instruire.

2336. — Paris. — Typ. Tolmer et Isidor Joseph, 43, rue du Four-St-Germ.

TABLE DES MATIÈRES

Paris. — Typ. Tolmer et Isidor Joseph, r. du Four-St-Germ., 15.